基于生态用海的海洋空间规划研究与实践

黄发明 等 编著

海洋出版社

2020年·北京

图书在版编目（CIP）数据

基于生态用海的海洋空间规划研究与实践 / 黄发明
等编著. — 北京：海洋出版社, 2020.12
　　ISBN 978-7-5210-0369-7

　　Ⅰ.①基… Ⅱ.①黄… Ⅲ.①海洋－空间规划－研究
－中国 Ⅳ.①P7

中国版本图书馆CIP数据核字(2019)第120328号

责任编辑：苏　勤
责任印制：安　淼

海洋出版社 出版发行
http://www.oceanpress.com.cn
北京市海淀区大慧寺路 8 号　　邮编：100081
北京顶佳世纪印刷有限公司印刷　　新华书店北京发行所经销
2020年12月第1版　　2020年12月第1次印刷
开本：889mm×1194mm　　1 / 16　　印张：10.5
字数：140千字　　定价：198.00元
发行部：010-62100090　　邮购部：010-62100072　　总编室：010-62100034
海洋版图书印、装错误可随时退换

前　言

　　海洋空间规划是当今国际海洋合作交流的热点领域。自 20 世纪 70 年代以来，海洋空间规划被认为是重要的海洋空间管理工具。中国在开发利用海洋的过程中，高度重视海洋空间规划，是世界上最早编制海洋空间规划的国家之一，形成了包括海洋主体功能区规划、海洋功能区划、海洋环境保护规划、海岸带保护和利用规划以及海域使用规划等为主的海洋空间规划体系。2018 年 3 月新组建的自然资源部承担着"统一行使全民所有自然资源资产所有者职责，统一行使所有国土空间用途管制和生态保护修复职责"，并要求"强化国土空间规划对各专项规划的指导约束作用，推进多规合一，实现土地利用规划、城乡规划等有机融合"。海洋是国土的重要组成，海洋空间规划也将成为国土空间规划推进"多规合一"的重要组成。

　　2011 年，国家海洋局提出海洋资源开发利用必须坚持"五个用海"（即规划用海、集约用海、生态用海、科技用海、依法用海），要求"建立健全海洋空间和资源规划体系，充分发挥规划、区划的统筹协调作用"，"进行海域资源的合理开发与可持续利用，维持海洋生态平衡"等。2015 年中共中央国务院印发《生态文明体制改革总体方案》，明确提出"建立空间规划体系"，包括整合目前各部门分头编制的各类空间性规划，编制统一的空间规划；推进市县"多规合一"，创新市县空间规划编制方法。根据主体功能定位和省级空间规划要求，划定生产空间、生活空间、生态空间等。

　　作为海洋空间规划在我国的一种具体实践形式，区域用海规划是我国海域管理特定阶段的历史产物，是为有效利用海域资源，对一定时期内需要连片开发的特定海域进行的用海总体布局和计划安排。区域用海规划的实施在一定程度上促进了临海工业、港口开发、滨海旅游和滨海城镇的建设和发展，在集约节约利用海域资源、优化海域开发空间格局等方面发挥了积极作用。

本书著者及研究团队长期从事包括海洋功能区划、海域使用规划、海岸带保护利用规划和区域用海规划等海洋空间规划的研究，并致力将生态用海的理念应用于研究和实践中。2010年率先在海洋领域提出"三生"（生产、生活、生态）、"四宜"（宜居、宜业、宜游、宜商）和"5S"（GIS-地理信息系统、RS-遥感技术、GPS-全球定位系统、DPS-数字摄影测量系统、ES-专家系统）的规划新理念以及技术方法。将从陆海统筹空间布局规划、海洋资源合理利用和海洋生态环境保护等应用于《晋江市围头湾区域建设用海规划》等课题研究。其"三生"规划新理念的提出和"5S"新技术新方法的应用具有一定的前瞻性和创新性。

本书全面介绍了国内外海洋空间规划的理论基础、体系和发展历程，总结了作为我国海洋空间规划具体实践形式之一的区域用海规划的制度沿革与实施情况；阐述了生态用海理念形成过程及在我国沿海省市的实践；全方位介绍了生态用海理念在《晋江市围头湾区域建设用海规划》中的研究与实践。该书可为从事海洋空间规划和围填海管理政策研究的科研人员和管理人员提供借鉴和参考。

全书共分为4章，由自然资源部第三海洋研究所黄发明等编著。具体写作分工如下：第1章"海洋空间规划理论和发展"（林燕鸿、林杰、黄发明）；第2章"区域用海规划的制度沿革与实施情况"（林燕鸿、黄发明）；第3章"生态用海理论的提出与发展"（李生辉、黄发明）；第4章"晋江市围头湾区域建设用海规划理念与实践"（黄发明、林燕鸿、周沿海、陈秋明）；全书由黄发明统稿审定，张杨硕士研究生协助修改完善相关文字和图件。

本书的出版得到了晋江市相关单位和海洋出版社的大力支持和帮助。由于时间和水平有限，疏漏和不足之处在所难免，敬请同行专家和读者批评指教。

编著者

2019 年 12 月

目　录

第1章
海洋空间规划理论和发展

近年来，空间发展的整体性和协调性日益受到关注。西方国家往往通过对经济目标、社会目标和环境目标的设定形成空间规划（Spatial planning）。"空间规划"作为一个特定含义的专用概念和名词正式出现是在 20 世纪 80 年代，欧盟委员会引入"空间规划"一词，作为一个中立的通用术语，其初衷是为了区别于任何一个成员国家各自的管理空间发展的制度，并先后启动了多项空间规划研究计划，实际上空间规划的理念早已根植于欧洲的规划传统，例如法国的国土规划（aménagement du territoire）、英国的城乡规划（town and country planning）、德国的空间秩序规划（raumplannung）、荷兰的空间规划（ruimtelijke ordening）或其他任何一种在欧盟成员国家本国使用的用以描述其对空间规划与管理的规划术语[1]。

1997 年"欧洲空间规划制度"概要中对空间规划做了如下定义：空间规划是主要由公共部门使用的影响未来活动空间分布的方法，它的目的是创造一个更合理的土地利用和功能关系的领土组织，平衡保护环境和发展两个需求，以达成社会和经济发展总的目标[2]。空间规划可以理解为对区域发展中人口、资源和经济活动等的空间布局和秩序安排，以促进区域协调可持续发展、提高整体竞争力[3]。空间规划具有的明显特征是：强调可持续发展、强调综合观念、强调地域地理观点等[4]。

由于各个国家的政体、历史发展以及区域因素的影响，其所制定的空间规划体系也各有差异，通常可分为地方自治、国家干预、综合协调和大都市区 4 种模式。美国和德国属于联邦制国家，实行的是自由式城市与区域规划，国家不对规划进行统一管理，而通过法律和制度上的衔接避免了不同规划间的非合作博弈；英格兰、日本、荷兰和韩国等中央集权制国家，构建了"全国与地方"相结合的空间规划体系，其中日本空间规划分为四个层级，采取的是自上而下的规划编制模式；法国巴黎通过"疏散过密地区"、印度采用"突出重围发展"等大都市模式落实空间规划理念。归纳起来，上述国家或地区都有空间规划的普遍性、空间规划的有法可依性、空间规划的主体多元化等特点[5-6]。**国际上多数国家都经历了从管制城市地区到管制区域土地的过程，最终建立完整的空间规划体系，该过程也同样适用于海洋空间**[7]。

相较而言，我国的规划体系是一个由纵向逐层规划和横向并行规划组成的网状体系，理论上可以实现陆海全方位系统管理[6]。但实际上，虽然我国初步形成了包括主体功能区规划、国土规划、区域规划、土地利用总体规划、城乡规划、海洋功能区划、环境保护规划等在内的类型多样、功能多元、层次多级的规划框架，并且各类空间规划逐渐成为各级政府、各主管部门实施空间开发管治的重要手段，但却缺乏一个统筹全局的空间布局总体规划，而各个政府职能部门之间的规划存在不平衡、不协调、不可持续的问题，造成了我国空间发展无序的局面[3]。

为规范空间开发秩序，从"十一五"规划开始，国家发改委对多年沿用的"五年计划"进行了改革。在空间方面，引入了主体功能区等手段，弥补缺失的区域空间区划方案，期望促进国土的全面协调可持续发展[3]。

2015 年 9 月，中共中央，国务院印发《生态文明体制改革总体方案》，明确提出"建立空间规划体系"，要求"整合目前各部门分头编制的各类空间性规划，编制统一的空间规划，实现规划全覆盖"，将空间规划分为国家、省、市县（设区的市空间规划范围为市辖区）三级，该方案还规定了"空间规划是国家空间发展的指南、可持续发展的空间蓝图，是各类开发建设活动的基本依据"[8]，表明规划的核心目标从促进城市可持续发展转向了为生态文明建设提供技术支撑。

2018 年 3 月，国务院机构进行重组，作为统一管理山水林田湖草等全民所有自然资产的部门，自然资源部承担了"建立空间规划体系并监督实施"的职责。基于空间规划的角度，自然资源部必将从根本上实现对空间规划的统一管理。空间规划的基础数据、坐标系统、规划期限、管控规则不一致的问题也将逐一解决，届时，空间规划的起点将是"统一的底图、统一的底数、统一的底线"，终点将是"统一的空间方案、统一的用途管制、统一的管理事权"[9]。**海洋空间作为国土空间的一部分，将统筹于空间规划体系内；海洋空间规划（Marine spatial planning，MSP）未来将以海洋主体功能区规划为基础统筹各类涉海空间性规划，实现"一张蓝图干到底"。**其未来的研究有两个关键点：①理清各海洋空间规划层级、规划主体之间的关系，打破原有的规划之间的壁垒，重新构建一个"多规合一"的海洋空间规划体系；②坚持陆海统筹，明确海洋空间规划体系在国土空间规划中的地位，衔接海陆间规划，探索规划对象、功能和用途一体化格局，将海洋空间规划体系融入全国统一、权责明晰、科学高效的国土空间规划体系中[10]。

国际上关于海洋空间规划的探索始于 20 世纪 60 年代，最初是为了解决海洋开发与海洋生态环境问题之间的矛盾，随着海洋空间规划理论和实践的发展，以生态系统为基础开展海洋管理也获得越来越多的认可。

1.1　海洋空间规划理论基础

1.1.1　海洋空间规划

从 2006 年联合国教科文组织召开第一届海洋空间规划国际研讨会开始，海洋空间规划理论和实践经历了 10 多年的发展。张翼飞等（2017）通过 Citespace 可视化分析工具把 MSP 的发展历程分为 3 个阶段：第一阶段为概念原则形成期（2006—2009 年），这一时期的 MSP 还处在海洋区划、海洋保护区设立等实践活动的探索期，与此同时，基于生态系统的管理（Ecosystem-Based Management，EBM）也获得了同样的关注；第二阶段为实现体系完整期（2009—2013 年），这一时期的关键词是实施、框架、指标、分级等，同时也出现了适应性管理、协同管理等概念，表明 MSP 逐渐由理论变为实践；第三阶段为研究领域多样期（2013 年以后），包括与自然保护区设立、环境影响评价等各领域的结合以及采用不同的工具和方法来实现 MSP，同时出现了跨界管理的新趋势[11]。

1.1.1.1 概念原则形成期（2006—2009 年）

Douvere（2008）认为，作为海洋战略决策，MSP 具备宏观性、全局性和综合性的特点，它立足于战略的高度，为海洋发展提供一个指导性的战略行动方向，对海洋进行综合统一协调和管理，确保海洋发展战略远景目标的实现。要实现以生态系统为基础的海域管理，MSP 是其中必不可少的关键步骤[12]。

Crowder 和 Norse（2008）提出了基于位置的海洋生态系统管理（Location-based and Ecosystem-based Managemet），这种管理要求从管理实践出发，遵循海洋生态系统属性，用一个有助于维护生态系统多样性、高生产力和弹性的方法来统筹，体现了人作为生态系统的一部分的理念[13]。

Gilliland 和 Laffoley（2008）认为应吸取陆上规划的经验并将之推广至海洋领域，提出根据生态系统不同尺度的作用，对海洋空间开展不同尺度的规划；建议 MSP 的范围应与生态系统边界相吻合；并根据爱尔兰海试点项目总结了 MSP 的技术路线，以及利益相关者的界定和参与方式[14]。

1.1.1.2 实现体系完整期（2009—2013 年）

Charles 和 Douvere（2009）在第一届海洋空间规划国际研讨会结束后，总结了 MSP 的特点、定义、技术方法和编制步骤，提出了循序渐进的 MSP 过程（图 1-1）[15]。

Nakano S 等（2010）根据适应性管理原则，介绍了国际上多个沿海国家按照生态系统属性划分海域边界的实践，用于寻求介于人类及地球生物对生态系统服务的消费和维护之间的平衡点[16]。

Agardy（2011）和 Gimpel 等（2013）认为随着海洋资源的逐渐锐减，势必加剧用海者对海洋资源的争夺，通过结合不同用海活动（如海上风电场和海水养殖）的用海特征进行空间协同定位，可以实现多用途的海洋空间管理[17-18]。

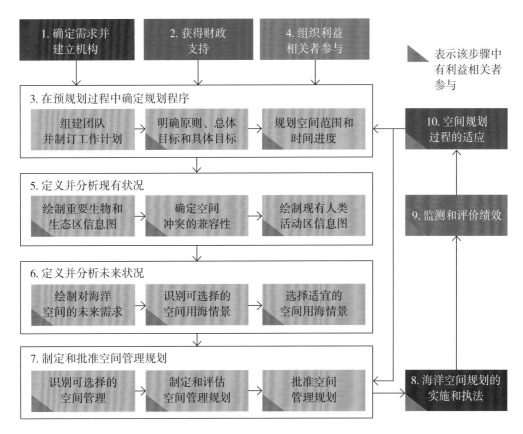

图1-1　MSP的循序渐进方法（Charles, Douvere, 2009）

1.1.1.3　研究领域多样期（2013 年以后）

Kyriazi 等（2013）提出自然保护区纳入 MSP 进程的 5 个层级框架，突出自然保护区在海洋空间规划中的关键位置（图 1-2）[19]。

Christie（2014）提出海洋蓝色经济的可持续性应建立在适当环境影响评价（EIA）的基础上[20]。

Flannery（2015）和 Jay 等（2016）认为跨界 MSP 是解决各种用海活动之间冲突的关键，在基于生态系统管理的前提下，通过数据管理、决策制定以及将利益相关者纳入规划的全过程，实现生态系统服务保护、解决海洋污染问题、提高跨界海洋保护区选址合理性[21-22]。Botero（2016）则关注海陆交互地带重叠空间的综合整治和管理问题，认为海岸带地区的跨界可以考虑土地利用规划、流域治理、海洋空间规划和海岸带综合管理等多种规划的融合[23]。

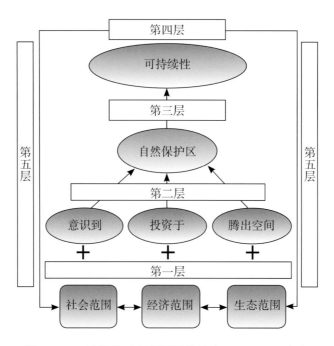

图1-2　MSP进程的5个层级框架体系（Kyriazi，2013年）

Dunstan 等（2016）通过对 MSP 现状、EBM、渔业资源管理等方面的回顾，提出通过类似于"多规合一"的叠置分析以及共同属性集成进行管理[24]。

王鸣岐等（2017）认为，MSP 的趋势是跨部门的海陆综合管理，以利于部门协调与利益整合[7]。

可以发现，从 2006 年至今，MSP 在概念、原则、框架、技术方法、实施步骤等方面有了明显的发展，但还没有形成一个严格的科学定义。周秋麟，何广顺等（2011）总结了 Douvere 等的理论精髓，把 MSP 定义为"它是一种实践方法，旨在更有效地组织海洋空间使用方式和各种用海活动之间相互关系，在保护海洋生态系统的前提下，平衡用海需求和经济发展，用开放的和规划的方法实现社会和经济目标"[15]。刘曙光等（2015）认为 MSP 是基于生态系统的海洋活动的管理，是一个支持决策的过程，其对象是人类的涉海活动，其目的是对用海活动做出预见的、综合的、统一的规划，以确保海洋资源的可持续利用、海域空间的合理利用以及协调用海活动与海洋资源环境之间的冲突^[25]。

虽然学术界对海洋空间规划的定义各有侧重，但都有一个共同的认识，即海洋空间规划作为一种决策方法，其实质是基于生态系统的海洋管理。

1.1.2 基于生态系统的海洋管理

基于生态系统的管理已经成为目前国际上海洋国家开展海域综合管理的共同趋势。美国、英国、澳大利亚等国家相继在其关于海域管理的国家政策强调了贯彻 EBM 并将其作为海域管理的指导理念[26]。

在最开始对于海洋资源和海洋空间的开发利用过程中，由于没有一套具有综合性、预防性和预见性的海洋与海岸带管理制度，导致海岸资源和空间不同类型使用者之间的冲突、海洋资源利用和海洋环境之间的冲突不断增加，海洋生态环境也受到了严重的破坏和威胁，在这一时期公众的环境意识也得到了前所未有的提升。在这样的国际和国内背景下，美国于 1972 年率先通过了《海岸带管理法》。该立法的主要特征是试图在政府机构之间解决海洋资源保护与海洋资源开发利用之间的矛盾，并给予了州政府足够的话语权和自主权来因地制宜管理所属海岸带及其资源[27]。1982 年《联合国海洋法公约》提出应以生态系统整体分析的方法来管理海洋这个全球最大的生态系统，这是基于生态系统的方法进行海域管理理念最早的萌芽。

自 20 世纪 90 年代开始，EBM 作为一种新的资源环境管理理念，迅速地被世界各海洋大国应用于海洋管理领域，相关国际组织、各海洋大国和海洋学术界一致认为，协调海洋资源开发与保护和解决海洋生态危机必须改进现有海洋管理模式，应用基于生态系统的方法管理海洋[28]。传统的自然资源管理专注于分散性的、单部门的管理，已经无法满足生态系统整体性的自然特征和新时代的资源管理需求，EBM 寻求扩展传统自然资源管理的范畴，在开发利用资源时充分考虑生态的、环境的以及人类因素对于生态系统功能的多元影响，同时更加注重扩大利益相关者的参与[29]。1992 年联合国环境与发展大会（United Nations Conference on Environment and Development，UNCED）

关于基于生态系统的海洋管理（Marine Ecosystem-Based Management，MEBM）的概念与框架的讨论，成为传统管理与 EBM 的分水岭[30]。具体来说，EBM 包括：强调对生态系统结构、功能和关键过程的保护；明确考虑生态系统内部的关联性，确定目标物种或关键服务与其他非目标物种之间的相互作用的重要性；承认大气、陆地和海洋系统之间的相互联系；综合考虑生态、社会、经济和机构机制的前景，承认它们之间存在强烈的相关性；按照地点关注具体生态系统及人类活动对其产生的影响范围[31]。EBM 是在对生态系统组成、结构和功能过程加以充分理解的基础上，制定适应性的管理策略，以恢复或维持生态系统的整体性和可持续性[32]。

此后，Grumbine（1994）提出了 EBM 的管理目标并将 EBM 定义为"是在对生态系统组成、结构和功能进行足够分析的前提下，通过制定适应性管理策略来恢复或维持生态系统整体性和可持续的自然资源管理办法"，并提出 EBM 的原则，即考虑生态系统的关系（Consider Ecosystem Connections）、合适的时空尺度（Appropriate Spatial & Temporal Scales）、认识耦合的社会生态系统（Recognise Coupled Social-Ecological Systems）、决策反映社会选择（Decisions reflect Societal Choice）、适应性管理（Adaptive Management）、运用科学知识（Use of Scientific Knowledge）、综合管理（Integrated Management）、明确的边界（Distinct Boundaries）、适当的监控（Appropriate Monitoring）、承认不确定性（Acknowledge Uncertainty）、可持续性发展（Sustainability）、利益相关者参与（Stakeholder Involvement）以及对生态系统的动态本质做出说明（Account for Dynamic Nature of Ecosystems）[33]。

1998 年，《澳大利亚海洋政策》出台，成为世界上第一个专门针对海洋环境保护和管理的国家政策；其核心是倡导制定区域海洋规划，在决策过程中贯彻 MEBM[34]。2005 年 3 月，美国科学与海洋通信伙伴关系（Communication Partnership for Science and the Sea, COMPASS）发布了关于 MEBM 的科学共识声明（Scientific Consensus Statement on Marine Ecosystem-Based Management）[35]，超过 200 名的科学家和政策专家联合签署这份声明以支持基于生态系统的海洋管理，具体措施包括生态系统层次的规划使用、跨界管理目标、海洋区划、栖息地修复、联合治理、适应性管理和长期监控等[36]。

在 MEBM 概念和实践发展过程中，EBM 最开始主要应用于渔业管理，即基于生态系统的渔业管理（Ecosystem-based Fishery Management，EBFM）。EBFM 是渔业管理的新方向，在根本上将管理重点从目标物种转移到生态系统上，其主要目标是维持健康的海洋生态系统及其所支持的渔业。具体而言，EBFM 就是要避免生态系统退化；尽量减少对物种和生态系统过程的自然组合产生不可逆转的变化的风险；在不损害生态系统的同时，获得和保持长期的社会经济效益等[37]。作为 MEBM 的组成部分之一，EBFM 的推广和实践进程丰富了 MEBM 的理论发展，为 MEBM 提供了良好的经验借鉴和实践验证。目前海洋界对于 MEBM 没有统一的定义，不同的专家学者和机构都有着自己的理解和解读，但是大致内涵都是要将海洋生态系统视为一个整体来进行管理，从而在保护和提升海洋生态系统功能的同时，促进不同海洋使用活动之间的协调与兼容。

Rodney（2000）提出将 EBM 理念运用到海滩综合管理整治，实现生态管理、综合管理和过程管理的一体化管理[38]。

Mare 等（2005）提出了 EBM 的 9 条原则，其中主要涵盖了以下 4 个方面：①管理范围以生态系统特征定义，打破行政边界的管理，并考虑多层次多尺度的生态空间；②管理目标的长远性和全面性；③采用适应性管理，通过监测评价等手段纠正偏离目标的情况；④鼓励广泛的部门间合作和公众参与[39]。

Fanny Douvere 和 Charles N. Ehler 2006 年在联合国教科文组织关于"Ecosystem-based Sea Use Management: From Theory to Practice through Marine Spatial Planning"的研讨会上指出，基于生态系统的海洋管理主要包含 4 个方面的内容，即生态系统结构、功能和关键过程的保护；生态系统内和系统间的互联；生态、社会、经济和制度观念的整合；基于地方或地域的管理[40]。

Leslie 等（2007）研究了 EBM 在识别和处理不同的空间和时间尺度之间、生态系统和社会系统之间以及不同的利益相关者之间所起的关键作用，提出跨学科的科学协作以及将研究成果与政策制定紧密结合，从而推进 MEBM 的实施[41]。

Mary Ruckelshaus 等（2008）总结了使用基于生态系统管理的框架来管理海洋资源的六大原则——定义被管理的海洋生态系统的空间边界；基于 EBM 发展一个清晰的目

标声明 / 陈述；将人类对于变化的响应纳入海洋生态系统的属性和指标体系中；使用多种基于 EBM 的策略来避免生态系统不确定性的损失；使用空间组织框架比如区划来协调在 EBM 中的多部门的管理与管理方法；基于 EBM 方法将治理结构和生态系统元素的规模相连接[42]。

Defeo 等（2009）研究了 EBM 的技术路线，包括管理边界的划定，管理目标的确定，不同部门之间的合作，效果的监督和反馈以及将公众参与纳入全过程管理[43]。

Lester 等（2010）阐述了 EBM 与传统管理方法的区别，即传统的管理方法只关注某类单一物种，通常在一个较小的空间尺度上进行，只考虑到短期的利益，且人是独立于生态系统之外的，管理脱节于科学研究，其管理目标是获得生态系统供给的产品；而 EBM 关注的是整个生态系统，通常在多层次的空间尺度上进行管理决策，着眼于长期效益，把人类当作生态系统的一部分，采用的是适应性管理的方法，管理目标是获得持续的产品和服务供给[44]。

Orth（2014）和 Long（2015）等强调，实施 EBM 的前提是保持生态系统健康，在此基础上才能考虑去获取人类所需的产品和服务[45-46]。

在 EBM 的发展过程中，不同科学家先后对 EBM 的概念提出自己的理解。Richard Curtin 和 RualPrellezo（2010）认为 EBM 的定义有一个时间先后顺序，其出发点是基于生态层面，然后转向管理层面，最后是将经济与社会的目标纳入实现 EBM 的关键因素之一，因此 MEBM 是指管理所有会影响海洋生态资源和海洋生态系统的人类活动，包括海洋渔业、采矿业、航运、滨海旅游、海洋保育、污水处理、点源和非点源污染等[47]。密歇根大学自然资源与环境学院生态系统管理倡议（Ecosystem Management Initiative，EMI）（2012）认为，基于生态系统的海洋管理就是在海洋资源管理过程中既能够保护生态系统健康，也能够提供人类所需要的生态系统服务[48]。刘慧和苏纪兰（2014）认为，基于生态系统的海洋管理是指在充分了解和尊重海洋生态系统结构与功能的基础上对海洋开发活动进行全面管理，以保护海洋健康和维持其生态系统服务功能，其目标就是实现海洋资源的可持续利用和海洋经济的可持续发展，以满足当代和未来人类的需要[49]。孟伟庆，刘百桥等（2016）在梳理国内外生态系统管理及相关研究进展的基础上，提出基于生态系统的海洋管理的定义：MEBM 是一种跨学科的管理方法，该方法以科学理解生态系统的关联性、完整性和生物多样性为基础，结合生态系统的动态特征，以海洋生态系统而不是行政范围为管理对象，以达到海域资源的可持续利用为目标，对社会、经济和生态效益进行耦合以达到最大化的管理体系。简言之，就是人类的开发利用活动应该以确保海洋生态系统的结构和功能的完整性为前提[50]。

综上所述，MEBM 的概念和过程应当包含着下列几项关键特征：①管理的前提是基于海洋生态系统的整体性和系统要素的互联性，维护海洋生态系统结构、功能和关键过程；②根据海洋生态系统的自然属性和可承载能力来进行海洋资源开发与管理，协调会影响海洋资源和海洋生态系统的人类活动，减少使用冲突；③以地点或区域为基础，主要在于具体的生态系统以及各种活动的影响范围；④在开发利用海洋资源时，注重生态效益、环境效益和社会经济效益的有机统一，促进海洋可持续发展。

此外，由于科学技术的进步，RS、GIS、GPS、DPS 等地理信息技术在海岸带综合管理、土地规划与利用、海洋空间规划等领域的应用日益广泛，MEBM 也得到了极大的促进[50]。

1.2　海洋空间规划发展历程

海洋空间规划常用于解决大尺度的海洋空间管理以及可持续发展问题，代表性的国家有澳大利亚、美国、加拿大、德国、比利时、挪威、英国等。

1958 年第一届联合国海洋法会议出于管理的目的首次进行区域海洋的确立和划分，会上通过了领海与毗连区公约和深海公约。1973 年，为保护环境和人类健康，各国政府相继提出对本国海域的空间配置方案，包括《防止船舶污染国际公约》，以界定海洋区域的生态脆弱带[51]。

20 世纪 70 年代，联合国环境规划署政府管理委员会提出"不断地对控制海洋污染和海洋海岸带资源管理的区域方法加以认可，并要求制订区域行动计划（UNEP，

1982)"，使区域方法在区域海洋计划中得到广泛应用[52]。

2002 年召开的世界可持续发展峰会上提出的"以生态系统为基础的海洋区域管理"为所有国家接受，MEBM 逐渐由理念步入实践[51]。

自 2006 年 2 月以来，联合国教科文组织（UNESCO）下的政府间海洋学委员会（ICO）和"人与生物圈计划（MAB）"致力于推动以生态系统为基础的海洋空间规划，以实现科学研究和案例应用之间的衔接，促进海洋领域的生态系统管理的发展[53]。同年 11 月，ICO 和 MAB 在巴黎召开了第一届国际海洋空间规划研讨会。来自海域管理、海洋空间规划和海洋区划领域的约 50 位专家出席了研讨会，探索如何通过制定海洋空间规划来实施基于生态系统的海洋管理，并对海洋空间规划的实践、信息共享与合作、海域管理未来的发展趋势、海洋空间规划技术方法进行了交流[54]。

2017 年 3 月，第二届国际海洋空间规划研讨会由 IOC 和欧盟委员会（European Commission，EC）在巴黎组织召开，基于推动全球海洋议程特别是促进全球海洋空间规划发展的共同目标，主办方会后发布了"加快全球海洋空间规划的联合路线图"。该路线图从跨边界的海洋空间规划、海洋蓝色经济、基于生态系统的海洋空间规划、对全球海洋空间规划者的能力建设、建立相互理解和交流的海洋空间规划平台等方面明确了双方合作的领域[55-56]。

近年来，澳大利亚、美国、欧盟等先进海洋国家的海洋空间规划探索与实践活动日益密集。表 1-1 是国际上先进海洋国家（组织）典型的海洋空间规划实践情况[24]。

表1-1　国际上先进海洋国家（组织）典型的海洋空间规划实践情况

国家 / 组织	规划活动	年份
澳大利亚	大堡礁海洋公园区划和重新区划	1975—2005
	海洋生物区规划	2007—
	珊瑚礁和水质量保护规划	2013
	珊瑚礁 2050 规划	2015
	维多利亚州海洋空间规划	2016

续表 1-1

国家 / 组织	规划活动	年份
荷兰 - 丹麦 - 德国	瓦登海三国海洋规划	1993—2010
英国	爱尔兰海试点项目	2003—2005
比利时	比利时北海区总体规划	2003—2005
荷兰	2015 年前的北海综合管理计划	2003—
德国	北海和波罗的海的空间计划	2004—
挪威	巴伦支海的综合管理计划	2005—2006
欧盟	北海区域海洋空间规划的预备行动	2010—2012
	和平共处项目	2010—2013
	欧洲大西洋海域跨界规划	2012—2014
	亚得里亚海伊奥尼亚海洋空间规划	2013—2015
	波罗的海空间项目	2015—2017
美国	佛罗里达州凯斯国家海洋保护区以及托尔图加岛生态庇护区；海峡群岛国家海洋保护区	1990—2001
	马萨诸塞州海洋行动	2008
	罗得岛海洋特别区域管理规划	2010
	华盛顿海水规划和管理行动	2010
	国家海洋政策执行计划	2010
	美国东北部、大西洋中部海洋空间规划	2016
	华盛顿州海洋空间规划	2016
	纽约州海洋行动计划 2017—2027	2017
加拿大	大海洋管理区，如东斯科舍陆架综合管理区	1998—2007
中国	领海海洋功能区划	1989—2010

资料来源：王鸣岐等，"多规合一"的海洋空间规划体系设计初步研究，2017年；

方春洪等，海洋发达国家海洋空间规划体系概述，2018年；

Fanny douvere，The Importance of Marine Spatial Planning in Advancing Ecosystem-Based Sea Use Management，2008。

1.2.1 澳大利亚

澳大利亚规划体系分为联邦政府、州政府和地方政府三个层面。但是联邦层面没有统一的、针对海洋领域的规划框架，也没有专门的海洋空间规划行政机构。澳大利亚海洋空间规划多集中于地方政府的"小区规划"（针对某一特定的小区域）。相较于美国，澳大利亚的规划体系相对完整[57]。

最典型的例子是 1975 年澳大利亚《大堡礁海洋公园法》的颁布，其通过大堡礁海洋公园的保护以及各类人类活动的许可，为海洋公园的规划和管理提供了框架，也成为特定区域开展海洋保护和管理的基石[53,58-59]。2004 年《大堡礁海洋公园分区计划》将海洋公园正式划分为 8 个不同类型的区域，包括一般使用区、栖息地保护区、河口保护区、公园保护区、缓冲区、科学研究区、国家海洋公园区、保留区[60]。2005 年提出的海洋生物区规划（marine bioregional planning program），将海洋生物区划作为澳大利亚除了大堡礁海洋公园以外所有管辖海域制定海洋规划的平台[58-61]。2012 年至 2015年更是开展了一系列 MSP 实践，包括海洋生物区规划、珊瑚礁和水质量保护规划、珊瑚礁 2050 规划。此外，维多利亚州在建立覆盖其海岸带范围的一般地域和重点地域的基础上，于 2016 年立法建议开展州 MSP 工作[62]。

1.2.2 美国

1959 年《海洋学十年规划（1960—1970）》的颁布标志着美国开始了海洋领域利用的区划。此后开始长达 50 多年对海洋领域的规划和探索[63]。

美国的规划体系基于联邦制政治体制这个平台，同时，又依托于经济、文化、社会发展等因素。其海洋空间规划包括了联邦、州、区域、城市、县、社区等层次，并无一个完整的、集权的、各州统一的规划体系，其最大特点是基于自下而上的多样性的、自由型的规划体系，与经济需要、民众需求和政府行政特点有很大关系[57]。

作为美国第一个进行海洋空间规划的州，罗得岛州的海洋特别区管理规划于 2008年开始制订，并于 2010 年通过海岸带资源管理委员会审批进入实施阶段。规划将周围海域分为两大区域——特别关注区和保护区[64]。佛罗里达州凯斯国家海洋保护区规划了一个包括 25 类区的海洋空间规划系统,通过不同的利用等级限制各区的海域使用[53]。此外,美国的海峡群岛国家海洋保护区的管理规划和马萨诸塞州海岸带管理计划都把空间规划作为重要内容加以考虑。

2006 年联合国国际海洋空间规划会议后,美国开始大力发展海洋科学事业[63]。2009 年 1 月,提出在《海岸带管理法》中扩大海洋生态系统管理的作用[65]。

美国国家海洋委员会(National Ocean Council,NOC)于 2010 年开展海洋与海岸带空间规划,并制定了相应的管理和技术框架。依据大海洋生态系统管理原则,美国海岸带和海洋空间规划将其领海和专属经济区划分为 9 个区域[60]。

此后,美国于 2013 年至 2017 年开展了一系列海域管理规划实践活动,包括 2013 年修订《俄勒冈州领海(管辖领海)规划》,2015 年修订《马萨诸塞州海洋行动》,2016 年实施《美国东北部、大西洋中部(包括专属经济区和州管辖外领海)海洋空间规划》和《华盛顿州海洋空间规划》,2017 年实施《纽约州海洋行动计划 2017—2027》[62]。

1.2.3　欧洲

在欧洲,海洋空间规划已经超越了为建设海洋保护区而制定的范畴,多数欧洲海洋国家,包括德国、比利时、挪威和英国,已经进入基于生态系统的海洋空间规划管理层次,该层次的 MSP 注重海洋整体空间的利用效益,并着眼于解决不同的海域使用方式、海域使用者与海洋资源环境之间的矛盾和冲突[53]。

德国联邦分为联邦、州、地区三级,地区下还会有市、县、乡、镇等基层自治组织。德国的海洋空间规划体系体现了与国家行政体制相统一的结构模式。形成了"联邦空间秩序规划(Bundesraumordnung)–州域规划(Landesplanung)–区域规划(区域空间布局规划)(Regionalplanung)–地方规划(Ortsplanung,Bauleit Planung)"的空间规划运作体系[57]。联邦层面上通过制定《联邦空间秩序规划法(ROG)》和"联邦空间秩序

规划"来指导各州规划编制，并于 2004 年将其适用范围扩展至整个专属经济区，扩大了联邦部门的管理权限和范围（包括海洋空间规划），目的是促进海洋空间的可持续利用，使社会经济的空间需求与空间的生态功能协调一致。德国联邦政府负责制定专属经济区的海洋空间规划，联邦州负责领海海洋空间规划[66-67]。2007 年，德国编制《联邦专属经济区空间规划草案》（未正式实施），划分优先开发区、海洋保护区和限制开发区；2009 年，该草案被《联邦北海和波罗的海专属经济区空间规划》取代；2012 年下萨克森州和 2015 年石勒苏益格州依据《联邦空间秩序规划法（ROG）》编制其覆盖到领海的州级海洋空间规划[62]。

比利时是最早一批真正开始实施海洋空间规划的国家之一。2003 年，比利时开始制定比利时北海区总体规划（Master Plan），在其领海和专属经济区执行具有可操作性的海洋空间管理和规划，旨在通过社会福利、生态与景观和经济三大核心价值，实现多用途的海洋空间规划体系，构建一个战略性、综合性、以生态系统为基础的海域使用管理框架[68]。比利时北海区总体规划明确了海洋开发活动的空间界线，比如海砂开采；设立了珍稀濒危物种特别保护区；同时，对开发强度较大的区域实行特定时期的禁止开发政策，如对北海的鱼类在产卵季节实施禁止开发；并实现了全过程的利益相关者参与制度，以确保空间规划的合理性、可持续性和完整性[53]。此外，比利时政府要求所有海域开发活动都必须在其海洋环境影响评价报告通过申请时方能进行，且需对用海活动的海洋环境影响进行跟踪监测[69]。2012 年，《海洋环境保护和海洋空间规划组织法》的颁布明确 MSP 的编制内容和程序，对比利时的海洋发展战略和海洋使用区划等通过空间政策予以明确。2014 年，《比利时海洋空间规划（2014—2020 年）》正式通过并实施，规划提出政府部门应根据规划要求并按照管理权限核发海洋用海活动许可[62]。

挪威的海洋空间规划分为小尺度的生态系统、区域尺度的生态系统和大海洋生态系统三个层次[70]，实行自上而下的海洋管理。在小尺度的生态系统层次上，挪威建立了 4 个龙虾海洋保护区，并明确其管理目标、管控方式以及管理措施；区域尺度的生态系统层次上，设立生物栖息地、生物生产生活区、潜在海洋保护区和非环境敏感区，仅非环境敏感区可以进行海洋开发活动；在大海洋生态系统层次，其专属经济区根据海洋生态系统的不同一共被分为 3 个大海洋生态系统[71]。从小尺度的生态系统到大海洋生态系统，从微观到宏观，挪威力求在保护海洋生态系统健康发展的前提下，开发海洋资源，满足人类生活和海洋共同的可持续发展[60]。2006 年，挪威编制并实施《巴伦支海和罗弗敦群岛水域综合管理规划》，并于 2011 年修订，以加强对珊瑚礁和海绵动物的保护；2009 年和 2013 年分别编制实施《挪威海综合管理规划》和《挪威北海和斯卡格拉克海峡综合管理规划》[62]。

相较于比利时和挪威，英国的海洋空间规划起步较晚。2003 年，英国政府启动爱尔兰海试点项目，探索在区域海洋尺度上采用基于生态系统的方法管理海洋的可行性和适用性，并以 2004 年的《爱尔兰海试点项目最终报告》予以肯定（JNCC，2012）。2007 年，英国政府发表《海洋法白皮书》[72]，明确在英国管辖海域范围内采用新的海洋空间规划体系。2009 年，英国通过《海洋和海岸带准入法》明确英国海域海洋规划体系的总体立法框架，实现对其海洋的战略管理。作为制定海洋规划和海洋环境决策的框架，2011 年的《英国海洋政策声明》，明确提出采用基于生态系统的方法进行海洋空间规划，以管理竞争性的用海需求[73]，在此影响下，2012 年英国《马恩岛海洋空间规划》和《设得兰群岛海洋空间规划》率先编制完成，此后，一系列的海洋空间规划陆续编制完成，包括《英格兰东部近海和远海规划》（2014 年）、《苏格兰海洋规划》（2015 年）、《彭特兰和奥克尼群岛海洋空间规划》（2016 年）和《英格兰南部近海和远海规划》（2016 年）[62]。

欧盟绿皮书《欧盟未来的海洋政策：欧洲海洋远景》（2006 年）指出，海洋空间规划是协调各种海域使用活动和海洋环境保护之间矛盾，并解决同一生态系统的国家或地区活动或越境活动的重要手段。绿皮书中指出，如果没有基于生态系统的海洋空间规划，将来就没有办法管理海域使用中的矛盾[53]。

2008 年欧盟《海洋空间规划》的颁布，促进了各欧盟成员国海洋综合管理的推进，确定了未来海域使用管理的新方向，加强了欧盟海洋经济的发展和产业协作。规划中包含了2007年颁布的《一体化海洋政策》和2008年颁布的《海洋战略框架指引》，以及与此相关的多项重要的法规[15,53,74]。

2017年，欧盟13个海洋国家则根据海洋空间管理监测和评估的通用框架开展了9个海区的试点工作[75]。

1.3 我国海洋空间规划体系

海洋区划和海洋规划是两个不同的概念（俞树彪，2009）。海洋区划主要依据是海洋的自然属性，立足于具体海域功能的合理开发利用，着眼于空间要素分析，实现空间区划范围的全覆盖，但没有时间坐标，其成果用于指导微观的海洋开发活动，是海洋功能在空间上最理想的配置。海洋规划主要是以社会属性为依据，立足于实现海洋开发利用的最佳，并随时间推移发生动态变化，允许空间规划范围内有"空白"，其成果是宏观的且具有弹性的，为海域开发利用提供可行性；前者主要类型有海洋自然区划、海洋功能区划、海洋经济区划、海洋行政区划、海洋特殊区划；后者主要类型为海洋发展规划和海域使用规划，也包括各种海洋专项规划，但往往作为海洋发展规划的组成部分[76]。

张珞平，母容等（2013）总结了我国海洋区划（Ocean zoning）和海洋规划（Marine planning）的主要类型，包括海洋功能区划（Marine functional zoning，MFZ）、海洋环境功能区划（Marine environmental functional zoning，MEFZ）、海域社会经济发展规划（Marine socioeconomic development plan）、海洋资源使用规划（Marine resource use planning，MRUP），其中MRUP又分为海域使用规划（Sea use planning）、渔业规划（Fishery planning）、滨海旅游规划（Coastal tourism planing）等。各类海洋区划和规划之间的关系如表1-2所示[77]。

表1-2　我国现阶段的海洋规划和海洋区划的类型

层级	海洋规划和海洋区划类型	
国家 区域 省级 当地	海洋规划	海洋事务发展规划（marine affairs development planning）
		海洋经济发展规划（marine economy development planning）
		海洋科技发展规划（marine scienceand technology planning）
		海洋使用规划（sea use planning）
		港口航运规划（port layout and shipping planning）
		渔业规划（fishery planning）
		海水利用规划（seawater utilization planning）
		滨海旅游规划（coastal tourism planning）
		滨海林业规划（coastal forest planning）
		海洋环境保护规划（marine environment protection planning）
		海岛保护规划（island protection planning）
		海洋保护区规划（marine proected planning）
	海洋区划	海洋功能区划（marine functional zoning）
		海洋环境功能区划（marine environmental functional zoning）

资料来源：Rong Mu, Luoping Zhang, Qinhua Fang. Ocean-related zoning and planning in China: A review.，2013。

　　上述海洋空间规划种类繁多且交错重叠，并且规划的组织实施隶属于不同的管理部门。王鸣岐等总结了我国涉海管理部门及对应职能（表1-3），涉及空间事权的行政管理部门职责存在明显交叉，导致审批部门众多，审批效率低下，"九龙治水"的局面导致各部门彼此冲突和推卸责任现象时有发生[24]。

表1-3　我国涉海管理部门及对应职能

涉海管理部门	职能	有关规划
发展改革部门	负责投资审批、核准及备案	通过陆域及海洋主体功能区规划指导空间布局
环境保护部门	负责管理海岸工程环境审批	指导、协调和监督海洋环境保护工作
交通部门	核准与通航安全有关的岸线使用和水上水下施工作业	组织实施港口和航道规划
海事部门	负责水上安全、港航监督、船舶检验、水路运政管理等职能	组织水路交通发展规划
海洋部门	承担海洋环境保护的主要职责，负责海域使用审批、海岛使用审批、海洋工程环境审批	组织大多数海洋空间规划编制与实施

资料来源：王鸣岐等，"多规合一"的海洋空间规划体系设计初步研究，2017年。

2018 年 3 月中共中央印发《深化党和国家机构改革方案》[78]，党和国家机构统一职能之后，涉海空间管理事权的分割将得到明确，单一国土空间的无堆叠式空间管制可期实现。2018 年 6 月在浙江舟山举办的"海上丝绸之路沿线及岛屿国家海洋空间规划"国际论坛开幕式上，自然资源部党组成员、国家海洋局局长王宏提出："中国作为世界上最早编制和实施海洋空间规划的国家之一，经过持续地探索、实践和完善，目前已经形成了相对完善的海洋空间规划体系"[79]。相应的涉海规划——海洋主体功能区规划、海洋功能区划、海洋生态红线规划、海岸带保护和利用规划、区域（建设）用海规划、海岛保护规划、海洋环境保护规划、近岸海域环境功能区划等——都包含于这一体系之内。

1.3.1　海洋功能区划的理论研究与发展

作为海洋空间规划的一种形式，海洋功能区划在中国的实施意义重大。自 20 世纪 80 年代末第一次小比例尺修编，到 90 年代末第二次大比例尺的修编，直至 2010 年第三次修编和完善[80]，它为中国的海洋开发和保护建立了区域规划系统和综合管理框架。与此同时，学术界对海洋功能区划的研究和探讨也从未停止。

早在 1991 年第一次海洋功能区划修编之际，唐永銮等就提出从大到小，从高到低的海洋功能分区系统，即一级区以地理位置划分为北黄海、渤海、南黄海、东海和南海功能区；二级区根据海陆环境条件分为海岸带、近岸、浅海和远洋区；三级区根据经济发展和资源利用情况划分为开发利用区、开发治理区、治理保护区、自然保留区，三级区再根据需要划分功能类型[81]。同年，范信平认为，海洋功能区划的目的不仅是对海洋开发活动的指导，也应当为海洋管理提供方便，以资源分类直接套用到功能区上的分类体系并不科学，他提出以地域分类的海洋功能区划体系[82]。

此后，顾世显等（1993）提出海陆一体化开发的概念，海洋功能区划作为沿海区域开发的基础和前提，其研究应基于地域分异规律而非行政区划，即将海洋生态经济区作为整体考虑[83]。显然，这与国际上海洋空间规划的理念是一致的。

1997 年，政府职能部门以技术规范的形式给出了海洋功能区划的定义："按各类海洋功能区的标准（或称指标标准）把某一海域划分为不同类型的海洋功能区单元的一项开发与管理的基础性工作"[84]；2006 年修正为"按照海洋功能区的标准，将海域及海岛划分为不同类型的海洋功能区，为海洋开发、保护与管理提供科学依据的基础性工作"[85]。可以发现，管理部门的关注点已经从重视海洋功能区划对海域开发的指导作用转到重视海洋功能区划对海洋环境的保护作用。

阿东（1999）梳理了自 1989 年第一次海洋功能区划修编以来，各沿海省、市、自治区所取得的海洋综合管理成就，指出海洋功能区划对于海洋环境保护管理、海洋自然保护划定、协调各行业部门的关系以及作为涉海工程开展可研工作的依据具有重要意义[86]。

进入 21 世纪后，计算机技术、GIS 和 RS 等信息技术的发展使得构建海洋功能区划管理信息系统成为可能，杨晓玉（2000）[87]、李巧稚（2001）[88]、李晓（2002）[89]、邬群勇（2003）[90]和腾骏华（2005）[91]等分别探讨了海洋功能区划管理信息系统的框架、数据库设计与数据组织形式等内容，林宁（2001）[92]、谭勇桂（2002）[93]、周沿海（2003）[94]、乔磊（2005）[95]、王权明（2008）[96]、董月娥（2014）[97]等分别探讨了 3S 技术在海域管理、海洋功能区划制图、区划方法、体系建设及实施评估等方面的运用。

随着第二次大尺度海洋功能区划的修编和实施，之后的海洋功能区划研究开始了对新旧指标体系的对比、对功能区划的适宜性评价模型的探索、对评价指标与技术方法的研究、海洋功能区划与主体功能区划、与海洋发展规划等的关系分析，同时各地区开展了大量的实践探索。

王佩儿（2004）基于海洋资源的可持续利用角度，提出以资源定位和以海定陆的原则开展海洋功能区划，并将之应用于宁波市象山港案例研究中[98]。

杨顺良等（2008）探讨了海洋功能区划修编过程中的常见问题及其解决方法，包括不同层级海洋功能区划的衔接、同一海湾但隶属不同行政区的功能单元的协调、不同功能类型的围填海规模控制、功能单元边界的刚性控制与柔性调整的考量、县级海洋功能区划编制的必要性与公众参与等[99]，为海洋功能区划的编制提供了很好的借鉴。

郭佩芳等（2009）总结了海洋功能区划实施过程中的不足，包括"功能"单一性与海洋多重功能的矛盾，"区划"单一性与社会需求多样性的矛盾，确权海域排他性与科学用海的矛盾，功能区的确定性与海洋系统本身及用海需求变化的矛盾，在此基础上提出了以自然属性为依据、主导功能兼顾其他功能并设立禁止功能、精细化管理和运用等具体解决方案[100]。

罗美雪（2010）对第二次海洋功能区划修编过程出现的若干问题提出了解决方案，包括在各类海洋功能区之间设置缓冲区、增加养殖功能区中的围海养殖区和取消港湾养殖区、功能区之间出现冲突时优先划定海洋保护区、调整保留区与设置临时功能区等，为海洋功能区划的编制和实施发挥了很好的实践指导作用[101]。

2010年开始，国家海洋局启动了第三次全国范围内的海洋功能区划修编。刘百桥等（2014）从遵循科学发展理念、尊重海域自然属性的角度出发，对海洋功能区划体系做了较大的调整，层级上分为国家、省、市县三级，各层级之间是有机联系的部分；分类体系为8个一级类、22个二级类（表1-4）；内容上明确目标指标、分区方案、管理要求等，这一体系成功地应用于"全国海洋功能区划（2011—2020年）"的编制[102]。

莫微等（2017）基于海洋耦合系统的多维性、动态性和未知性，提出将适应性管理纳入海洋功能区划。适应性管理不同于现阶段的海洋功能区划调整，当现实与区划出现矛盾时才被动地进行修改；它是一个循环的不断调整的过程，通过实时监测和评估确定调整时段，并将公众参与纳入考量[103]。

随着对海洋功能区划研究的深入，在基于对目标海域状况的全方位的调查之上，海洋功能区划更加侧重于对海洋环境的保护，功能单元的划分也逐渐转向从海洋生态系统本身的角度出发。

表1-4　海洋功能区划分类体系

一级类	二级类
1　农渔业区	1.1　农业围垦区
	1.2　养殖区
	1.3　增殖区
	1.4　捕捞区
	1.5　水产种质资源保护区
	1.6　渔业基础设施区
2　港口航运区	2.1　港口区
	2.2　航道区
	2.3　锚地区
3　工业与城镇用海区	3.1　工业用海区
	3.2　城镇用海区
4　矿产与能源区	4.1　油气区
	4.2　固体矿产区
	4.3　盐田区
	4.4　可再生能源区
5　旅游休闲娱乐区	5.1　风景旅游区
	5.2　文体休闲娱乐区
6　海洋保护区	6.1　海洋自然保护区
	6.2　海洋特别保护区
7　特殊利用区	7.1　军事区
	7.2　其他特殊利用区
8　保留区	8.1　保留区

资料来源：国务院：《全国海洋功能区划（2011—2020年）》，2012年3月3日。

1.3.2　海洋主体功能区规划的理论研究

主体功能区规划具有明显的国别性和阶段性特征，是针对中国目前发展阶段提出的全新区划理念，目前国外并无现成的海洋主体功能区规划模式可借鉴[104]。

国内对主体功能区的研究首先出现在陆域。2006年"十一五"规划纲要首次提出

"主体功能区"的概念，"根据资源环境承载能力、现有开发密度和发展潜力，统筹考虑未来我国人口分布、经济布局、国土利用和城镇化格局，将国土空间划分为优化开发、重点开发、限制开发和禁止开发4类主体功能区，按照主体功能定位调整完善区域政策和绩效评价，规范空间开发秩序，形成合理的空间开发结构"[105]（图1-3）。

主体功能区分类及其功能

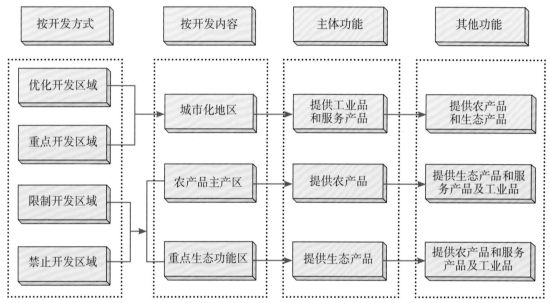

图1-3　主体功能区划分类及其功能

资料来源：国务院：《全国主体功能区规划》，国发〔2010〕46号，2011年6月9日

国家发展和改革委员会宏观经济研究院国土地区研究所课题组（2007）概括了主体功能区的内涵，即主体功能区是基于区域开发现状、资源环境承载力以及战略地位分析的前提下，提出的区域发展方向、发展类型以及总体目标的一种功能定位，它是超越工业区、农业区等一般功能以及自然保护区、防洪排涝等特殊功能的功能区[106]。

朱传耿等（2007）提出，"主体"强调的是区域的主要承担功能，或是经济发展，或是生态保护，其功能是多元的，并不排斥其他功能的同时存在[107]。

魏后凯（2007）认为，主体功能区规划的最终目标是通过分级分类管理手段以及空间管制措施的推进，优化资源空间配置，保障人与自然和谐可持续发展[108]。

在陆域国土空间开发研究的推动下，2008 年开始，国内学者逐渐步入对海洋领域的主体功能区规划研究。

徐惠民等（2008）强调海洋主体功能区规划的特殊性，提出应基于 D-P-S-R-C（Driver-Pressure-State-Response-Control）的框架选取海洋主体功能区规划指标体系[109]。

石洪华等（2009）依据陆海统筹、区域协调的原则确立海岸带主体功能区规划的技术路线和指标体系，其指标体系着重考虑了海岸地带的特殊性，对开展海岸带主体功能区规划等工作具有重要的参考意义[110]。

王倩，郭佩芳（2009）认为海洋主体功能区规划确定了海域发展的大方向，具有宏观性、战略性和前瞻性，海洋功能区规划以此为依据对海洋空间进行具体落实和功能细化[111]。

何广顺等（2010）、李东旭等（2010）均对海洋主体功能区规划的分区（内水和领海、无居民海岛、专属经济区和大陆架）、分类（优化开发、重点开发、限制开发、禁止开发）、分级（国家级、省级）、区划单元（海洋自然地理因素兼顾行政单元、岛群或者战略资源区）、指标体系（资源环境承载力、开发强度、发展潜力）等基本问题进行了探讨，对推进海洋主体功能区规划研究工作起了重大作用[112-113]。

徐从春等（2011，2012）阐述了海洋领域 4 类主体功能区的内容及其功能定位，从与国家主体功能区规划的一致性、海域自然属性的体现、指标选取的代表性以及数据可获得性等方面提出了 3 个维度共 11 个指标的近海主体功能区规划指标体系框架[114]。2011 年颁布的《海洋主体功能区区划技术规程》（HY/T 146—2011）即以此为基础，确立了海洋主体功能区规划的技术路线和指标体系。

颜利等（2015）以福建省海岸带主体功能区划研究为例，提出海岸带主体功能区划的范围必须涵盖海洋资源开发活动的集中区域，即向陆一侧为沿海县（市）、区行政管理界线、向海一侧为海岸线至海湾外 20m 等深线，以县为基本评价单元，并构建了 23 个指标的海岸带主体功能区划评价体系[115]。

于大涛等（2016）提出在海域管理领域实行"多规合一"，以海洋主体功能区规划

确定的主导功能为基础，以问题为导向，协调各类用海需求，严控开发强度，建立资源、环境、经济、社会可协调可持续的空间开发格局[116]。

罗成书等（2017）提出了以海洋主体功能区规划为顶层规划（宏观层面）、以海洋功能区划为中间规划（中观层面）、以其他专项和区域规划为底层规划（微观层面）的横向"三层"，以及省、市、县（市）的纵向"三级"浙江省海洋空间规划体系，建议从目标指标管控和海域空间管制等方面加强发挥海洋主体功能区规划的基础性作用[117]。

栾维新等（2017）认为目前的海洋空间规划体系较为分散，规划的内容、目标、期限等各成一家，不利于海域管理的统一性和有效性，他提出应超越部门利益从战略高度协调各类用海需求的空间配置，强调以海洋主体功能区为基本框架[118]。

1.3.3 区域用海规划的理论研究

我国海洋空间规划体系中，海洋功能区划和海洋主体功能区规划的研究最为系统，应用最为广泛。而作为海洋空间规划在我国的一种具体实践形式，区域用海规划具有范围大、面积广、用海类型多（港口、工业、旅游、城镇建设、农业围垦）等特点（表1–5）。它在我国围填海管理实践中扮演了相当重要的角色，从2006年到2018年10余年的发展期间，不仅促进了围填海项目和海洋产业分布的最优配置，更是促进了国家海岸带发展宏观战略的实施和海洋经济的发展[119]。

随着国家对于区域用海规划制度的推行和实施，国内学术界也逐渐兴起了对于区域用海规划的相关研究。国内对于区域用海规划的学术研究主要集中在区域建设用海规划的报告编制、平面设计、技术方法、现状和对策分析、规划监测、战略环评以及对区域建设用海规划中生态理念的反思和考察等方面。相较而言，由于区域农业围垦受限于自然禀赋条件的限制，我国仅江苏及浙江两省分布有典型的大规模淤涨型滩涂，也仅这两省获批过区域农业围垦规划，且国家相关政策多集中于对区域建设用海规划的报告审批、项目审批等的规范上，因此本研究主要探讨区域建设用海规划的概念、政策背景及发展、面临的主要问题等。

表1-5　海洋空间规划与区域用海规划的联系与区别

对比项目	海洋空间规划	区域用海规划
概念	通过对用海活动做出预见的、综合的、统一的规划，在保护海洋生态系统的前提下，平衡用海需求和经济发展，用开放的和规划的方法实现社会和经济目标	区域用海规划按海域使用类型分为区域建设用海规划和区域农业围垦用海规划，区域建设用海是指在同一围填海形成的区域内建设多个建设项目的用海方式；区域农业围垦用海是指对淤涨型滩涂区域进行连片开发、整体围填，用于种植业、林业、畜牧业和水产养殖生产的用海方式
目的作用	更有效地组织海洋空间使用方式和各种用海活动之间相互关系，确保海洋资源的可持续利用、海域空间的合理利用	实现围填海项目和海洋产业分布的最优配置
特点	生态性、综合性、适应性、战略性和预见性	范围大、面积广、用海类型多
技术路线和方法	EBM，Adaptive management（适用性管理）；Step-by-step approach（循序渐进的方法）	通过行政手段/人为管理，适应性管理
实践案例	澳大利亚《大堡礁海洋公园法》	曹妃甸循环经济示范区中期工程及曹妃甸国际生态城起步区区域建设用海规划

作为一项2006年正式确立的管理制度，其紧密关联的学术研究成果相对较少，根据中国学术期刊网络出版总库中的检索结果（主题=区域建设用海规划，时间从2006年到2018年6月）显示中文文献为30篇，Web of Science数据库中的英文文献则为个位数。这些文献较为系统地探讨了区域建设用海规划的概念、特征、编制问题、监测议题、实证案例分析、实施存在的问题及对策等，对于区域建设用海规划的回顾研究具有重要意义。

1.3.3.1　区域建设用海规划的概念

在2006年国家海洋局发布的《关于加强区域建设用海管理工作的若干意见》中，第一次提出了区域建设用海的概念——指在同一围填海形成的区域内建设多个建设项目的用海方式，用海面积一般不少于50公顷。2008年，国家海洋局在《区域建设用海总体规划报告编写技术要求（试行）》中进一步明确区域建设用海的定义为指沿海连片开发需要整体围填的海域，在"位于同一海湾、河口、岛屿、生态敏感区、功能区等区域内，集中布置 3 个或 3 个以上围填海建设项目的用海，规划用海面积一般不少于50 公顷"。王平，赵明利等（2009）将区域建设用海的基本特征总结为四个组成要素、三个代表特性、两个规划尺度和一个根本问题[120]，如图 1-4 所示。

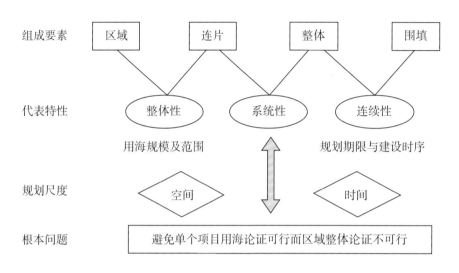

图1-4 区域建设用海基本特征

由此可见，区域建设用海是指在同一区域内，集中布置多个建设项目，进行连片开发并需要整体围填的具有整体性、系统性和连续性的科学用海方式。根据 2016 年国家海洋局印发的《区域建设用海规划管理办法（试行）》，区域建设用海规划是指地方人民政府为科学配置和有效利用海域资源，对一定时期内需要连片开发的特定海域进行的用海总体布局和计划安排，主要用于发展临海工业、港口开发、滨海旅游和滨海城镇建设，实行整体规划、整体论证和整体审批[121]。

1.3.3.2 区域建设用海规划概述

1）背景

2006 年 4 月 20 日，国家海洋局下发了《关于加强区域建设用海管理工作的若干意见》的通知，出台了编制区域建设用海总体规划的一系列指导性意见，标志着我国正式开始实施区域用海规划制度。随后在 2008 年 5 月下发了《关于印发区域建设用海管理有关技术规范的通知》和 2011 年 4 月下发了《区域用海规划编制技术要求》的通知和文件来作为配套措施，从而推进区域建设用海规划的总体管理，实现区域内建设项目的合理布局，确保科学开发和有效利用海域资源。近些年来，我国沿海地区陆续实施大规模的填海造地工程来缓解工业及城镇用地供需紧张的矛盾，为沿海地区经济持续发展提供了基础保障与宝贵空间，因此围填海一直处于高速发展的阶段[122]。在社会经济快速发展的大格局下，区域建设用海规划项目通过利用海域空间资源来拓展城市发展空间，对区域经济的发展具有积极作用[123]。

在总结区域用海规划管理工作经验的基础上，2013 年国家海洋局发布了《区域建设用海规划编制规范》。规范的发布对规范区域用海规划编制、海域管理提供审核、审批依据具有一定的积极意义。随着我国海域管理工作的不断深入，对规范在执行中存在的不足有了新的认识，为适应我国生态文明建设的总体要求，海洋生态文明建设的实施方案和《全国海洋主体功能区规划》等新的国家战略需求，2016 年国家海洋局新出台《区域用海规划管理办法（试行）》，首次在区域用海规划中提出了生态理念，并要求将依法用海、生态用海理念贯穿于规划编制和实施的全过程，遵循规划衔接、陆海统筹、生态优先、集约节约四大原则，其规划选址必须符合生态红线制度。

《区域用海规划管理办法（试行）》从 4 个方面对区域用海规划管理制度进行了调整和创新：一是贯彻了生态文明建设的理念和要求；二是优化了区域用海规划的审批程序；三是确定了规划与用海项目的关系；四是强化了规划实施的事中事后监管。该办法是在全面总结区域用海规划制度管理实践的基础上，在贯彻落实党中央、国务院关于加快推进生态文明建设要求的大背景下出台的，是根据海域综合管理面临的新形势进行的制度调整和创新，对于规范区域用海规划管理，科学开发和有效利用海域资源，推动海洋产业集聚发展、绿色发展、循环发展具有重要意义[124]。

2）现状

在 2006 年 10 月 12 日至 2016 年 4 月 6 日期间，国家海洋局共批准区域用海规划 105 项，10 年间规划围填海面积累计约 120 245.34 公顷。其中，单个规划填海面积最大的是曹妃甸循环经济区示范区近期工程区域建设用海总体规划（10 297 公顷，河北省唐山市，用于城镇建设），规划填海面积最小的是泉港区峰尾滨海新区区域建设用海规划（177 公顷，福建省泉州市，用于工业建设）。

区域建设用海规划是一把双刃剑，在大力促进经济发展的同时也带来了诸多环境问题。一般来说，区域建设用海规划都是在经济发展较快的沿海地区，服务于当地海洋经济发展和城市化进程，为沿海地区经济快速增长提供了有力支撑。沿海地区依托临海临港的地理优势，大力发展海洋经济作为区域经济发展转型的突破口，从而对所在地区的生存和发展空间的规模质量提出了更高的要求。适度围填海不但有利于节约开发建设成本、推进地区产业整体布局，又能避免土地征用和百姓迁移，其海域使用金还能够回馈社会，推进生态文明和海洋执法能力建设。

但是，由于沿海地区产业布局不尽合理，重化工业不断向沿海布局，产业同构现象突出，加剧了产能过剩，不同地区之间甚至出现了恶性竞争，同时也超出了海洋与海岸带地区生态系统的负荷。在生态敏感区、脆弱区填海，将会造成滩涂湿地面积锐减，河口港湾淤塞，加之围填海毕竟改变了近岸海域原有的生态结构，其累积效应影响巨大，极其容易导致海岸带和近海生态系统退化和丧失。此外，2015 年围填海专项调研表明，我国沿海地区未批先填和填而未建问题突出，存量围填海资源闲置较多，主要集中在环渤海地区；2017 年围填海专项督查部分结果显示，目前我国沿海地区一直存在盲目填海、填而未用、违法审批、监管失位等问题，不仅浪费了海洋资源，而且严重损害了海洋生态环境。这些问题的存在亟待政府加强对围填海工程和区域建设用海规划的深度监督和严格管控。

3）技术方法

我国区域建设用海规划的编制遵循四大原则：规划衔接原则、陆海统筹原则、生态优先原则和集约节约原则，其平面设计应当综合考虑区域自然条件适宜性和规划实施的经济性，体现保护自然岸线、离岸、多区块设计的思路，减少对水动力条件和冲淤环境的改变。规划选址应符合全国海洋主体功能区规划、海洋功能区划、海洋生态红线制度和相关规划管理要求，与周边开发利用现状相协调，尤其是要严格执行生态红线制度，依据《区域建设用海规划编制规范》以及相关技术标准编制，进行海洋环境影响评价和海域使用论证。

在区域建设用海规划编制过程中，其技术层面的问题主要涵盖了平面设计原则和方法、规划区划符合性分析和编制依据[125]。围海造地工程平面设计的主要方式包括人工岛式围填海、多突堤式围填海和区块组团式围填海，并遵循以下基本原则：保护自然岸线、延长人工岸线和提升景观效果。依据临海工业、港口开发、滨海旅游、滨海城镇建设等不同开发利用方向，用海布置方案的内容及要求相应有所差异。

此外，应用遥感技术（RS）和地理信息系统软件（GIS）能够对区域建设用海规划进行实地监测和数据分析，为科学有效地开发利用海洋资源提供强大的技术支持。通过收集各区域建设用海规划批复文件及最新的遥感影像数据，以当前已批区域建设用海规划区域为研究范围，以遥感影像为基础调绘填海现状和利用现状，在国家海域使用动态监视监测管理系统中导出区域建设用海规划空间数据和海域使用权属数据，然后运用GIS进行对比分析，记录区域建设用海规划的动态变化，从而达到对建设过程的监测和评估，能够根据监测结果及时调整用海规划，实现区域建设用海合理布局以及海域资源的可持续发展[126]。

4）面临的主要问题

由于区域建设用海规划牵涉到整体围填海域，其规划用海面积和填海面积相对较大，对海洋生态环境造成的破坏不容小觑。近几十年的围填海实践表明，围填海会导致岸线资源的缩减，破坏海岸动态平衡，从而导致海湾属性弱化和生物多样性降低。同时，围填海还在很大程度上加剧了海洋污染，并导致渔业资源的衰退。在围填海工程实施的过程中，还可能因为实施不当或者与民众沟通不够，造成各种社会问题，比如改变沿岸居民的生活环境和影响传统渔民的生存条件等，极易形成社会的不稳定因素。

从区域建设用海规划编制层面来看，孙钦帮，陈艳珍等（2015）认为面临的问题主要包括4个方面：一是海洋产业发展与建设用海需求不协调，用海面积规模过大；二是大多建设用海规划的布局和设计单一，平面设计缺乏科学性和先进性；三是区域建设用海面积合理性分析尚不完善，以经济利益为导向的围填海尚未扭转；四是规划用海环境影响评价内容不全面，没有成熟、规范化的区域用海规划环境影响评价技术导则[122]。

从区域建设用海规划实施过程和管理层面来看，区域建设用海规划过程中对于围填海管理依旧存在着"失序、失度、失衡"的问题。黄华梅，王平等（2017）认为区域建设用海规划制度实施过程中存在的一些问题，主要包括：地方政府及其有关部门重经济效益轻生态效益的理念尚未转变；区域建设用海规划中节能减排的相关措施不到位；区域建设用海新形成的岸线以硬质为主，造成陆域和海域垂直过渡以及潮间带生境缺失，切断了海洋生态系统和陆地生态系统的有机联系；区域建设用海项目在内的大面积围填海项目占用大量自然岸线，导致滩涂生境破坏严重等[127]。这些问题的存在折射出了我国对区域建设用海规划的监管还不够严格，海洋生态文明建设的道路任重道远。

从区域建设用海规划后评估的角度来看，我国对区域建设用海实施的实际效果尚未进行系统的监测与评估。区域建设用海规划后评估是海洋主管部门实施围填海计划管理、实现海域管理决策科学化的重要依据，缺乏系统有效的后评估将难以在管理实践中调整决策方向和纠正行政偏差。国内有部分学者开展过对区域建设用海规划的实施状况的评估工作，在该领域的实践尝试方面迈出了重要一步。但由于评估报告中各评估因子比较分散，没有系统地组织起来形成综合评估，以至于最终的评估结论不够明确，还有待进一步完善和改进[128]。2017年8月，按照国务院批准同意的《海洋督察方案》，国家海洋局组建了第一批国家海洋督察组，共分6个督察组分别进驻辽宁、海南、河北、江苏、福建、广西，对这6省（自治区）开展以围填海专项督察为重点的海洋督察[129]。国家海洋督察是党中央、国务院推进生态文明建设和海洋强国建设的一项重大制度安排，是对沿海省市海洋资源环境保护的一次"全面体检"和"把脉会诊"，更是直接指导和有力鞭策。当前针对围填海专项开展海洋督察无疑有利于对区域建设用海规划的已批在建项目进行有效监督与评估，并能够直接推动整改。

5）对策建议

针对上述区域建设用海规划制度所面临的主要问题，很多专家学者提出要逐步完善区域建设用海规划的行政规划法律体系和管理制度，围绕国家海洋生态文明建设"水清、岸绿、滩净、湾美、物丰"的总体目标，综合考量区域建设用海规划的经济效益、社会效益和环境效益，并不断为其注入生态用海的理念，从而对区域建设用海规划的编制、技术方法、审批、实施和后评估进行依法管控和系统评估，促进海洋生态文明和海洋强国建设。

黄华梅，王平等（2017）认为要将生态建设理念贯彻落实到区域建设用海规划的总体布局中，合理确定生态规划原则和生态设计理念，实现区域内的低冲击发展；区域建设用海规划需改进以围堰为基础形成硬质岸线的常规做法，新形成的岸线应实现自然化、生态化和绿植化，避免形成单一的生产岸线，做好区域内生态、生活和生产岸线的空间格局规划；区域建设用海规划注重区域内节能减排和低碳发展，践行国家"十三五"期间"创新、协调、绿色、开放、共享"的五大发展理念[127]。

林丽华，王平等（2017）认为要在区域建设用海规划中落实绿色发展理念，建立用海面积控制指标，实行区域建设用海总量控制制度，提高海域资源利用效率；完善区域建设用海规划编制技术体系，突出海洋生态建设内容；加强自然岸线保护，建立海洋生态保护与整治修复机制；坚持陆海统筹，优化海洋产业布局，推动海洋产业集聚发展；强化规划论证和审批工作，确保红线不能碰，底线不能破；建立规划实施监管制度，强化过程监控和责任追究[130]。

具体而言，我国应当逐步加强对填海造地的规划与监管，强化海域使用规划和海洋生态红线制度，彻底扭转围填海管理中"失序、失度、失衡"的现状；积极开展区域建设用海规划对海洋生态环境影响的实地调研，广泛听取和征求利益相关者的意见；

建立区域建设用海规划对生态影响的后评估制度，加强对区域建设用海工程实施过程
的严格监控和效果评估；在加强区域建设用海规划生态建设的同时加快建立围填海工程
相应的生态补偿机制。

1.4 海洋空间规划的趋势和展望

继 2006 年联合国教科文组织召开第一届海洋空间规划研讨会之后，时隔 10 余年，
2017 年 3 月，联合国教科文组织（UNESCO）下的政府间海洋学委员会（IOC）和欧盟
委员会（EC）组织召开了第二届海洋空间规划研讨会，研讨会提出了"推进跨界海洋
空间规划、发展海洋蓝色经济、加强基于生态系统的海洋空间规划、推动对全球海洋
空间规划者的能力建设、建立相互理解和交流的海洋空间规划平台"等全球海洋空间
规划发展的共同目标 [131-132]。

2017 年 6 月，国家发展和改革委员会、国家海洋局联合发布了《"一带一路"建设
海上合作设想》，这是中国政府就推进"一带一路"建设海上合作提出的中国方案，围
绕构建包容、共赢、和平、创新、可持续发展的蓝色伙伴关系这个愿景，提出与沿线
国在各领域的务实合作方案，包括携手共走绿色发展之路、共创依海繁荣之路、共筑
安全保障之路、共建智慧创新之路、共谋合作治理之路，实现人海和谐，共同发展 [79]。

王江涛（2018）提出，为促进陆海功能衔接和"多规"融合，必须从以下几个方
面加快海洋空间规划的改革：①落实陆海统筹，将海洋纳入"多规合一"体系；②协调
空间边界，绘制一张海洋空间蓝图；③突出生态优先，创新海洋空间规划理念；④强化
法律基础，完善海洋空间规划体系；⑤向深远海转移，化解海域空间供需矛盾 [133]。

海洋空间规划作为海洋发展政策在地理空间的表达，是海洋空间管理的基础和先
导，我国海洋空间规划未来的发展，势必契合全球海洋空间规划的发展目标，同时适
应我国空间规划发展特色。

1）建设"一带一路"海上合作，加强与沿线国家战略对接

欧盟"海洋空间规划指令"（Directive on Maritime Spatial Planning）要求共享一个海盆（sea-basin）的成员国应进行合作。联合国和相关国际组织期望通过制定跨边界的海洋空间规划来实现海洋资源长期可持续利用[133-134]。

中国未来将通过《"一带一路"建设海上合作设想》，共同建设中国—印度洋—非洲—地中海、中国—大洋洲—南太平洋以及中国—北冰洋—欧洲三大蓝色经济通道，推进跨界海洋空间规划，加强与沿线国家战略对接，积极搭建海洋合作平台[79]。

2）促进海洋领域"多规合一"

我国海洋领域存在多个空间类规划，亟须在国家空间规划思路和要求下开展海洋领域的"多规合一"[134]。"多规合一"不是简单打破各类规划行政管理壁垒的政策，而是要引导空间资源要素重新配置，构建具有稳定、协调的空间规划新秩序[10]。

海洋空间规划总体构想的雏形为"一个市县，一本规划、一张蓝图、一个平台、一套制度"。形成"1+3+N"的全方位海洋空间一本规划，其中"1"是"十三五"规划中提出的推进"多规合一"的基础性规划——海洋主体功能区规划，它确定了海洋空间利用的总体定位和政策方向；绘制"三线两界"为基础的海洋空间分区"一张蓝图"，三线包括：生态保护红线、农渔保障蓝线、海岛保护绿线；搭建"四个统一"的海洋空间控制一个平台，即统一数据平台、统一技术平台、统一审批平台、统一监管平台；构建综合完善的海洋空间规划"一套制度"，整合运行协调机制，建立由海陆协调机构参与的海洋"多规合一"工作机制和协调机制，强化监管[7]。

3）开展 MSP 和蓝色增长研究，发展海洋蓝色经济

海洋经济是与基于海洋的产业以及海洋生态系统资产、产品和服务的所有经济活动的总和。欧盟成员拟通过逐步推动 MSP 指令的实施，推进适当的海洋空间规划使得基于海洋的商业活动的投资风险降低[133-134]。

面对世界经济面临的挑战，应整合经济要素和发展资源，开展 MSP 和蓝色增长研究，发展海洋蓝色经济，提出以蓝色增长为目标的 MSP 计划，促进 MSP 实施和蓝色增长过程中科学方法和决策支持工具的使用[133-134]。

4）强化法律基础，提高海洋空间规划法律地位

我国目前的规划多以问题为导向，以需求为引领，这就使得规划常常根据需求的变动而调整，降低了规划的严肃性。

未来的海洋空间规划体系建设，需要有相应的法律保障。通过空间规划立法，构建空间规划体系，同时省、市、县出台相应的配套法律法规，形成与空间规划体系配套的空间规划法律体系。通过法定程序确立空间规划与其他部门专项规划的上下位关系，确保各部门专项规划以空间规划为编制依据，打破各自为政、相互冲突、相互制约、互为前置的局面。增强海洋空间规划的法律严肃性，形成区划引导需求，打破调整区划以满足需求的现状。

第 2 章
区域用海规划的制度沿革与实施情况

随着沿海地区社会经济的快速发展和国家海洋战略的实施要求，围填海已经成为利用海域空间资源、缓解土地供需矛盾、拓展经济发展空间的重要途径。适度有序的围填海，对沿海地区工业化和城镇化进程以及经济发展空间的拓展等具有重要意义。围填海是人类向海洋拓展生存和发展空间的一种重要手段，是海洋开发活动中一种重要的涉海工程。因此，全球多数沿海国家和地区，尤其是人多地少问题突出的城市和地区都对填海造地工程十分重视，荷兰和日本就是最明显的例子[134-137]。荷兰自 13 世纪就开始围海造地工程，其 4.15 万平方千米的国土有四分之一是从大海"转化"过来的，故有"上帝创造了世界，荷兰人创造了荷兰"这句谚语的流传[135, 137]；日本在第二次世界大战后通过填海新造陆地达 1 500 平方千米以上，相当于 20 个香港岛，主要用于工业、港口和城镇[136, 138]。我国香港特别行政区同样有着丰富的围填海历史，其围海造地面积超过 67 平方千米，约占总土地面积的 8%[139]。

为缓解日益突出的人多地少的矛盾，弥补国家建设空间的不足，近年来我国沿海省市各地纷纷向海要地。自新中国成立至今，我国沿海已经经历了 4 次围填海浪潮[140]。第一次是在中华人民共和国成立初期的围海晒盐，从辽东半岛到海南岛我国沿海 11 个省、市、自治区均有盐场分布，并形成了我国沿海地区四大盐场；第二次大规模的围填海热潮是 20 世纪 60 年代中期至 70 年代的围垦海涂扩展农业用地，为我国的粮食生产和经济建设做出了重要贡献；第三次大规模的围填海热潮是发生在 20 世纪 80 年代中后期到 90 年代初的滩涂围垦养殖热，使我国成为世界第一养殖大国[141]；第四次的新一轮填海造地高潮是最近 10 年来为满足城市建设、港口建设和工业建设需要而进一步开发利用海洋空间资源，从辽宁到广西我国东、南部沿海省市甚至包括县、乡一级行政区均在积极推行围填海工程。我国出现围填海浪潮的主要原因在于城市发展中政府向农民征地往往涉及耕地保护政策和产权问题，批地过程既复杂又耗时，而且价格相对高昂，而我国在很长一段时期涉海法律尚不完善，"九龙治水"的管理格局一直存在，加之海洋监管不到位，围填海受到的约束少，补偿成本又低；填海之后，政府就可以根据自身要求使用，自由度相对较大，因此围填海一直被认为是一项最便宜、最快捷、最自由的"三最"工程[142]。据不完全统计，我国的围填海面积在1950—2002年已经达到了119万公顷，相当于现有滩涂面积的55%[143]。而2002年《中华人民共和国海域使用管理法》颁布实施后，基于长期的围填海用海管理实践，我国已经逐步形成了"区划统筹、规划引导、计划调节、科学论证、严格审批、强化监管"的围填海管理体系，但出于大力发展经济的需要，我国"填海造地"用海面积仍保持高速增长的势头[144]。2012年10月16日，国务院统一批复了广西壮族自治区、山东省、福建省、浙江省、江苏省、辽宁省、河北省和天津市等沿海省市的《海洋功能区划（2011—2020年）》，七省一市共获得建设用围填海指标面积超过21万公顷[145]。

2006年，我国开始启用区域用海规划，以填补单个围填海项目的不足，主要针对大规模围填海进行整体合理布局，解决单个项目用海论证可行而区域整体论证不可行的问题[146]。从我国国土空间稀缺的基本国情来讲，适度围填海有着诸多的现实意义和重大作用——填海造地能够为国家战略实施拓展空间、为区域经济发展做出重要贡献，能够有效拉动沿海区域就业，并能够通过海域使用金助力海洋生态文明建设[147]。但从海洋生态环境保护和海洋生态文明建设的视角来讲，围填海毕竟永久性改变了海域的自然属性，大规模填海造地对海域资源造成了不可逆转的破坏，对河口和近岸海洋生态环境造成了巨大的损害和显著的负面效应，比如海岸线改变、岛屿消失、物种减少等。简言之，表面上看围填海可能会带来一些短期效益，但是长此下去却会带来很多不利影响或生态灾难[148]。因此，必须加强对围填海活动的严格管控，实现海陆资源的统筹利用和海洋资源的有序开发，推进围填海在经济效益和社会效益之间达至动态平衡，尤其是要尊重自然规律、注重保护海洋生态环境和生态健康。2018年1月21—22日，全国海洋工作会议上将"实施最严格的围填海管控"列为 2018 年重点工作之一，开启史上最严围填海政策[149]，这说明我国在探索围填海项目管理过程中意识到了大规模围填海对于海洋生态环境不可逆的破坏性，并开始遏制围填海势头以推进海洋生态系统的可持续发展。至此，区域用海规划制度宣告终结。当前，中国的整体行政体制面临重新审视和重大变革，海洋管理系统的结构也正在进行重组和改革[150-151]。通过对区域用海规划制度的回顾，能够窥视和反思我国不断加强围填海管控和推进海洋生态文明建设的历程，为未来我国海域使用管理提供经验。

2.1　区域用海规划的制度沿革

2.1.1　法律法规与管理政策回顾（2001—2018 年）

从进入 21 世纪以来我国制定和颁发的涉海政策法规（见表 2-1）来看，我国在不断规范围填海工程用海，并提高围填海工程的生态门槛，对于围填海的管控力度逐步加大，其具体原因主要是近年来沿海各地陆续实施的围填海造地工程中，有些地区存在建设用海项目尚不明确和没有经过充分论证的情况下，盲目圈占海域，甚至填后闲置的现象，不仅造成海洋环境的严重破坏，也造成了海域资源的极大浪费[147]。为了加强对集中连片围填海的管理，同时为了加强海洋综合管理和区域用海整体管理，推行区域用海规划制度来促进海域空间资源统筹管理与可持续发展显得尤为必要。通过梳理和回顾我国 2001—2018 年期间涉及围填海和区域用海规划的相关政策法规和管理文件，可以窥见我国的用海管理经历了从围填海单个项目用海到区域用海的演变历程。

2001 年 10 月 27 日，我国通过了《中华人民共和国海域使用管理法》，该法自 2002 年 1 月 1 日开始施行。其中规定："国家严格管理填海、围海等改变海域自然属性的用海活动"，同时规定填海 50 公顷以上和围海 100 公顷以上的项目用海应当报国务院审批。该法明确了国家实行海洋功能区划制度、海域使用权登记制度和海域有偿使用制度，其颁布和实施开辟了我国海洋综合管理的新时代，有效扭转我国海域使用及其资源开发利用中长期存在的"无序、无度、无偿"的管理状态，规范了海域使用管理。

表2-1　近年来我国涉及围填海和区域用海规划的相关法律法规

序号	政策法规	发文部门	发布时间	备注
1	中华人民共和国海洋环境保护法	全国人民代表大会常务委员会	1982年8月	1999年12月修订；2013年12月修正；2016年11月修正；2017年11月修正
2	中华人民共和国海域使用管理法	全国人民代表大会常务委员会	2001年10月	
3	中华人民共和国环境影响评价法	全国人民代表大会常务委员会	2002年10月	2016年7月修正；2018年12月修正
4	国务院关于进一步加强海洋管理工作若干问题的通知	国务院	2004年9月	
5	关于加强区域建设用海管理工作的若干意见	国家海洋局	2006年4月	2016年1月废止
6	关于改进围填海造地工程平面设计的若干意见	国家海洋局	2008年1月	
7	关于印发区域建设用海管理有关技术规范的通知	国家海洋局	2008年5月	2011年4月废止
8	关于印发海洋工程环境影响评价管理规定的通知	国家海洋局	2008年7月	2017年4月废止
9	国家发展改革委 国家海洋局关于加强围填海规划计划管理的通知	国家发展和改革委员会，国家海洋局	2009年11月	
10	中华人民共和国海岛保护法	全国人民代表大会常务委员会	2009年12月	
11	区域用海规划编制技术要求	国家海洋局	2011年4月	
12	关于规范区域建设用海规划环境影响评价工作的意见	国家海洋局	2011年12月	
13	围填海计划管理办法	国家海洋局	2011年12月	
14	全国海洋功能区划（2011—2020年）	国家海洋局	2012年4月	
15	区域建设用海规划编制规范	国家海洋局	2013年4月	

续表 2-1

序号	政策法规	发文部门	发布时间	备注
16	国家海洋局关于进一步加强海洋工程建设项目和区域建设用海规划环境保护有关工作的通知	国家海洋局	2013 年 10 月	
17	国家海洋局海洋生态文明建设实施方案（2015-2020 年）	国家海洋局	2015 年 7 月	
18	环境保护督察方案（试行）	中央全面深化改革委员会	2015 年 7 月	
19	全国海洋主体功能区规划	国务院	2015 年 8 月	
20	区域建设用海规划管理办法（试行）	国家海洋局	2016 年 1 月	
21	关于健全生态保护补偿机制的意见	国务院	2016 年 5 月	
22	区域建设用海规划编制技术规范（试行）	国家海洋局	2016 年 10 月	
23	海岸线保护与利用管理办法	国家海洋局	2016 年 11 月	
24	围填海管控办法	国家海洋局	2016 年 12 月	
25	海洋督察方案	国家海洋局	2016 年 12 月	
26	关于划定并严守生态保护红线的若干意见	中共中央办公厅、国务院办公厅	2017 年 2 月	
27	海洋工程环境影响评价管理规定	国家海洋局	2017 年 4 月	
28	建设项目用海面积控制指标（试行）	国家海洋局	2017 年 5 月	
29	围填海工程生态建设技术指南（试行）	国家海洋局	2017 年 10 月	
30	全国海洋生态环境保护规划（2017—2020 年）	国家海洋局	2018 年 2 月	

2004 年 9 月 19 日，在《国务院关于进一步加强海洋管理工作若干问题的通知》（国发〔2004〕24 号）中明确提出要从严控制围填海，从事围填海活动的单位和个人要向海洋行政主管部门提出申请，并依法取得海域使用权证书；海洋行政主管部门审批围填海项目时，应征求有关部门意见，并依据海洋功能区划进行海域使用论证。

2006 年 4 月 20 日，为解决单个项目用海论证可行而区域整体论证不可行的问题，实现区域内建设项目的合理布局，确保科学开发和有效利用海域资源，国家海洋局出台了《关于加强区域建设用海管理工作的若干意见》（国海发〔2006〕14号），由此建立了区域用海规划制度，加强了我国围填海综合管理。

2008年1月24日，为改变沿海地区对岸线和海域资源简单粗放的开发利用方式，改进围填海造地工程平面设计，国家海洋局通过了《关于改进围填海造地工程平面设计的若干意见》（国海管字[2008]37号），以期最大限度地减少对海洋自然岸线、海域功能和海洋生态环境造成的损害，实现科学合理用海。同年5月4日，为了贯彻落实国家海洋局《关于加强区域建设用海管理工作的若干意见》（国海发〔2006〕14号）精神，进一步规范区域建设用海管理工作，国家海洋局编制了《区域建设用海总体规划报告编写大纲（试行）》和《区域建设用海总体规划报告编写技术要求（试行)》，为区域建设用海总体规划报告的编写提供了技术指导（关于印发区域建设用海管理有关技术规范的通知）。

2009年，为深入贯彻科学发展观，合理开发利用海域资源，整顿和规范围填海秩序，国家发展和改革委员会和国家海洋局联合发布《国家发展改革委 国家海洋局关于加强围填海规划计划管理的通知》（发改地区〔2009〕2976号），其内容涵盖五大方面：抓紧修编海洋功能区划，科学确定围填海规模；建立区域用海规划制度，加强对集中连片围填海的管理；实施围填海年度计划管理，严格规范计划指标的使用；依托规划计划制度，切实加强围填海项目审查；切实加强围填海规划计划执行情况的监督检查，确保海域资源的可持续利用。这标志着我国初步建立了围填海年度计划管理制度，纳入了国民经济和社会发展年度计划，通过计划手段控制围填海规模，确保国家和地方重大建设项目、基础设施项目、民生领域项目、战略性新兴产业项目合理的围填海需求，严格控制高耗能、高污染、低水平重复建设的项目用海。

2010年，为进一步搞好围填海计划管理工作，国家海洋局提出了继续加强围填海计划指标管理工作的措施，这些措施包括加快出台围填海计划管理办法、统筹安排使用围填海计划、加强建设项目预审和审批管理、对计划执行情况进行登记和统计、通过加强执法监察整顿围填海秩序等[152]。

2011 年，为了进一步加强区域用海管理，提高区域用海规划编制质量，国家海洋局制定了《区域用海规划编制技术要求》，自 2011 年 4 月 1 日起执行，同时废止《关于印发区域建设用海管理有关技术规范的通知》（国海管字〔2008〕265 号）。2011 年 9 月 20 日，为进一步加强区域建设用海的海洋环境保护工作，从源头预防环境污染和生态破坏，促进海域使用管理和环境保护监管的有效衔接，根据《中华人民共和国海洋环境保护法》《中华人民共和国环境影响评价法》《规划环境影响评价条例》等法律法规，国家海洋局发布《关于规范区域建设用海规划环境影响评价工作的意见》（国海发〔2011〕45 号）。2011 年 12 月 5 日，国家发展和改革委员会和国家海洋局联合制定了《围填海计划管理办法》，该办法规定围填海计划实行统一编制、分级管理，国家发展和改革委员会和国家海洋局负责全国围填海计划的编制和管理，沿海各省（自治区、直辖市）发展改革部门和海洋行政主管部门负责本行政区域围填海计划指标建议的编报和围填海计划管理。

2012 年 4 月 25 日，国家海洋局公布了《全国海洋功能区划（2011—2020 年）》，对我国管辖海域未来 10 年的开发利用和环境保护做出全面部署和具体安排[153]。区划提出了"规划用海、集约用海、生态用海、科技用海、依法用海"这五个用海的指导思想，并确立了"在发展中保护、在保护中发展"的原则，同时提出到 2020 年要实现六大主要目标：增强海域管理在宏观调控中的作用；改善海洋生态环境，扩大海洋保护区面积；维持渔业用海基本稳定，加强水生生物资源养护；合理控制围填海规模；保留海域后备空间资源；开展海域海岸带整治修复。区划作为我国海洋空间开发、控制和综合管理的整体性、基础性、约束性文件，是编制各级各类涉海规划的基本依据，是制定海洋开发利用与环境保护政策的基本平台。区划对于落实国家"十二五"规划，推动海洋经济发展，积极支持东部地区率先发展，保障沿海地区社会和谐稳定具有重要意义。

2013 年，为保护海洋生态环境，合理规划区域建设用海布局，为政府决策提供更加充分的科学依据和更加有效的管理手段，迫切需要建立一套区域建设用海规划的编制规范，以进一步提高区域建设用海规划编制工作的质量与水平，促进区域建设用海规划和论证工作的科学化、规范化，为此国家海洋局编制了《区域建设用海规划编制规范》，规定了区域建设用海规划编制的工作程序、基本内容与要求。同年，为加强海洋生态文明建设，强化海洋环境保护，全力遏制海洋环境恶化趋势，《国家海洋局关于进一步加强海洋工程建设项目和区域建设用海规划环境保护有关工作的通知》（国海环字〔2013〕196号）提出三点要求：认真做好海洋工程建设项目环境影响报告书的核准工作；严格审查区域建设用海规划环境影响专题篇章；加强海洋工程项目和区域建设用海规划监督检查[154]。

2015年7月，国家海洋局印发《国家海洋局海洋生态文明建设实施方案》（2015—2020年）（以下简称《实施方案》），要求沿海各级海洋主管部门和局属各部门单位切实提高认识，把落实《实施方案》当作"十三五"期间海洋事业发展的重要基础性工作抓实抓牢，将海洋生态文明建设贯穿于海洋事业发展的全过程和各方面，推动海洋生态文明建设上水平、见实效。2015年8月1日，国务院以国发〔2015〕42号印发《全国海洋主体功能区规划》。该规划提出，到2020年主体功能区布局基本形成之时，形成"一带九区多点"海洋开发格局、"一带一链多点"海洋生态安全格局、以传统渔场和海水养殖区等为主体的海洋水产品保障格局、储近用远的海洋油气资源开发格局，其中构建"一带一链多点"海洋生态安全格局是指努力保护北起鸭绿江口，南到北仑河口，纵贯我国内水和领海、专属经济区和大陆架全部海域的生态环境，形成蓝色生态屏障；以遍布全海域的海岛链和各类保护区为支撑，加强沿海防护林体系建设，以保护和修复滨海湿地、红树林、珊瑚礁、海草床、潟湖、入海河口、海湾、海岛等典型海洋生态系统为主要内容，构建海洋生态安全格局[155]。

2016年1月20日，国家海洋局印发《区域建设用海规划管理办法（试行）》（以下简称《办法》），进一步加强区域建设用海规划编制实施管理。《办法》是在全面总结区域用海规划制度管理实践的基础上，在贯彻落实党中央、国务院关于加快推进生态文明建设要求的大背景下出台的，是根据海域综合管理面临的新形势进行的制度调整和创新，对于规范区域用海规划管理，科学开发和有效利用海域资源，推动海洋产业集聚发展、绿色发展、循环发展具有重要意义。《办法》还要求各地要将依法用海、生态用海理念贯穿于规划编制和实施的全过程，着力打造海洋生态文明建设的典范。《办法》印发后，国家海洋局 2006 年印发的《关于加强区域建设用海管理工作的若干意见》同时废止。同年，国家海洋局发布《区域建设用海规划编制技术规范（试行）》（以下简称《规范》）。《规范》对 2013 年 4 月印发的《区域建设用海规划编制规范》进行了全面修订，重点突出了生态建设用海方案，进一步加强区域用海管理，提高区域建设用海规划编制质量，对加快推进海洋生态文明建设具有重要意义。依据《区域建设用海规划管理办法（试行）》，《规范》新增了生态建设用海方案，包括生态总体布局、岸线利用规划、绿地规划、水系湿地规划、污染物控制与排放等内容[156]。2016 年 12 月 5 日，中央全面深化改革委员会第三十次会议审议通过了《围填海管控办法》，旨在严格控制总量以及围填海活动对海洋生态环境的不利影响，实现围填海经济效益、社会效益、生态效益相统一。该办法是党中央国务院对海洋领域全面深化改革、推进生态文明建设的重大决策部署，是全面加强围填海管控的纲领性文件[157]。

2017 年，区域用海规划开始面临着自 2006 年以来最严格的生态门槛和用海管控。2 月 7 日，中共中央办公厅和国务院办公厅印发《关于划定并严守生态保护红线的若干意见》（以下简称《意见》），《意见》指出 2020 年年底前，全面完成全国生态保护红线划定，勘界定标，基本建立生态保护红线制度，国土生态空间得到优化和有效保护，国家海洋局将根据本意见制定相关技术规范，组织划定并审核海洋国土空间的生态保护红线，纳入全国生态保护红线[158]。5 月 27 日，为推进海域海岸线资源全面节约和高效利用，落实生态用海理念，提高海域海岸线资源精细化管理能力，国家海洋局制定了《建设项目用海面积控制指标（试行）》，明确指出要从严控制建设项目用海填海规模和占用岸线长度，提高海域开发利用效率[159]。10 月 10 日，国家海洋局印发了《围填海工程生态建设技术指南（试行）》，用于指导围填海工程设计和海域使用论证报告生态建设方案专章的编制，规定各级海洋行政主管部门要坚持依法治海、生态管海，高度重视围填海项目生态建设问题[160]。同年 10 月，国家海洋局先后印发贯彻落实《海岸线保护与利用管理办法》和《围填海管控办法》的指导意见和实施方案，要求在海岸线节约利用上，严格用海审查，落实区域限批，确保到 2020 年全国大陆自然岸线保有率不低于 35%[161]。国家海洋局还将严控围填海总量、优化空间开发布局，坚持以海定需、量海而行，禁止不合理需求用海，严控围填海项目的建设规模和占用岸线长度[162]。综上所述，为了加强海域使用管理、严控围填海工程建设，缓解海洋生态环境的压力，促进海域的合理开发和海洋可持续发展，2001—2017 年我国通过颁布一系列的法律法规来规范围填海工程的建设，并不断完善区域用海规划制度，为其注入了生态用海的管理理念，助力海洋生态文明建设。据国家海洋局相关数据统计，自 2002 年《中华人民共和国海域使用管理法》实施到 2017 年底，全国依法审批填海造地共 15.8 万公顷，约占沿海地区同期新增建设用地的 12%，海洋生产总值占国内生产总值的 9.5%，为促进经济社会发展、弥补沿海地区建设空间不足提供了重要保障，但与此同时也带来了一系列围填海管控和海洋生态环境问题[163]。《中国海洋发展报告（2017）》中明确指出，尽管我国近年来海洋生态文明建设取得了重大进展和积极成效，但海洋生态环境保护工作仍然面临压力，海洋生态文明建设制度的"四梁八柱"还不健全，亟须在国家层面建立有关海洋资源环境的政府内部层级监督机制，督促地方政府落实海洋生态环境保护的法定责任[164]。

2.1.2 中央环保督察与海洋督察（2015 年至今）

2.1.2.1 中央环保督察

2015 年 7 月 1 日，中央全面深化改革领导小组第十四次会议审议通过《环境保护督察方案（试行）》，要求全面落实党委、政府环境保护"党政同责""一岗双责"的主体责任。要把环境问题突出、重大环境事件频发、环境保护责任落实不力的地方作为先期督察对象，重点督察贯彻党中央决策部署、解决突出环境问题、落实环境保护主体责任的情况。这次会议为环保督察制度奠定了制度依据，设计了基本框架。中央环

保督察,从环保部门牵头到中央主导,从以查企业为主转变为"查督并举,以督政为主",这是我国环境监管模式的重大变革[165]。按照要求,督察组进驻时间约为 1 个月。在督察期间,各督察组将设立专门值班电话和邮政信箱,受理被督察省份环保方面来信和来电举报,其他不属于受理范围的信访问题,将按规定交由被督察地区、单位和有关部门处理。督察行动开始前要召开动员会,结束后举行反馈会。各省区市整改方案要在 30 天内上报国务院,6 个月内报送整改情况,并且同步对外界公开。

从 2015 年 12 月底中央环保督察在河北省开展试点以来,从 2016 年到 2017 年的两年间,中央环保督察已完成对全国 31 个省区市的全覆盖,问责人数超过 1.7 万人次[166],2018 年 5 月底开始进行第一批中央环境保护督查"回头看",旨在对第一轮中央环境保护督察反馈问题进行再次监督,强化生态环境保护党政同责和一岗双责,为打好污染防治攻坚战提供强大助力。根据中央环境保护督察组督察进驻后公布的反馈督察意见和各沿海省市公开的整改方案,中央环保督察中沿海省市涉海情况反馈意见的共性问题主要体现为以下三个方面。

一是落实国家环境保护决策部署不够到位。具体表现为:比如山东省海洋渔业厅违法违规对位于荣成大天鹅国家级自然保护区核心区及缓冲区的荣成烟墩角水产有限公司码头进行海域使用登记[167];浙江省擅自放宽《水污染防治行动计划》的时限要求,导致宁波、舟山、台州、温州等海域汇水区域污水处理设施提标改造工作滞后,影响近岸海域水环境质量改善[168];福建省政府在批准厦门、宁德、莆田 3 市海洋功能区划时,增加开发性用海面积累计达到 3 068 公顷,与福建省海洋功能区划(2011—2020 年)的有关要求相违背[169]。

二是海洋环境和重要生态功能区保护不力。典型表现为:天津市宁河区在天津古海岸与湿地国家级自然保护区七里海湿地核心区和缓冲区违法建设湿地公园,市海洋部门多次违规批准游客进入保护区核心区[170];山东省一些重要滨海湿地海水养殖清退不力,比如莱阳五龙河口湿地海洋特别保护区存在大量无证养殖项目,莱州湾金仓国家湿地公园存在 227 宗海水养殖项目,滩涂部分几乎被养殖项目占满;浙江省海洋生态

保护不力，对海洋开发利用统筹不够，违法围填海、违规养殖、入海排污等问题比较
突出，导致部分近岸海域水质持续恶化，全省 2016 年劣四类海水比例高达 60%，杭州
湾、象山港、乐清湾、三门湾 4 个重要海湾水质全部为劣四类；福建省自 2010 年以来
累计审批填海项目 382 宗，使用近岸海域 9 062 公顷，侵占部分沿海湿地。

三是地方涉海相关部门执法监管偏软偏弱。典型表现为：浙江省各级海洋部门未
按要求对违法围填海行为严格执法，仅对少数违法行为进行行政罚款，助长了违法填
海行为，比如温州市 4 个滩涂围垦项目在违法建设过程中，省市县三级海洋监管部门
均未制止和处罚；广东省湛江红树林国家级自然保护区存在规划边界与实际管控边界不
一致，历史形成的 4 800 多公顷养殖场没有清退，以及局部侵占或破坏红树林等问题[171]；
广西壮族自治区各级海洋部门存在违规审批或监管不力等问题，如合浦儒艮国家级自
然保护区部分海域被养殖侵占，侵占面积达 349.2 公顷，其中核心区 144 公顷[172]；海
南省沿海市县向海要地、向岸要房等情况严重，房地产和养殖等违法违规项目侵占海
岸带，相关市县政府违规越权审批问题突出，全省海水养殖长期无序发展，大量滩涂
养殖位于潟湖、河口等污染物不易扩散的区域，甚至违规占用自然保护区和沿海防护林，
三亚市政府 2012 年至 2015 年多次干预相关部门正常执法活动，导致位于三亚珊瑚礁
国家级自然保护区和海岸带 200 米范围内的小洲岛度假酒店项目持续违法建设[173]。

2.1.2.2 海洋督察

2016 年 7 月，为牢固树立和贯彻落实创新、协调、绿色、开放、共享的发展理念，
国务院批准了《海洋督察方案》。该方案要求健全国家海洋督察制度，是党中央国务院
深化海洋领域管理机制改革、加强海洋资源环境保护的一项重要制度创新[174]。国家海
洋督察的对象是沿海省、自治区、直辖市人民政府及其海洋主管部门和海洋执法机构，
可下沉至设区的市级人民政府。2017 年国家海洋局组建国家海洋督察组，组织 600 多
人次、分两批对沿海 11 个省（区、市）开展了围填海专项督察，同步对河北、福建和
广东 3 省开展了例行督察。海洋督察的目的是解决海洋资源环境方面存在的突出问题，
督促和依靠地方政府依法落实主体责任[175]。

2017 年 8 月下旬至 9 月下旬，国家海洋局对辽宁、河北、江苏、福建、广西、海南 6 个省（自治区）开展以围填海为重点的专项督察，截止到 2018 年 1 月 17 日，国家海洋督察组已经全部反馈督查意见，并进入整改追责阶段；2017 年 11 月下旬至 12 月下旬，由国家海洋局组建的第二批 5 个督察组，负责对天津、山东、上海、浙江、广东 5 个省（直辖市）开展以围填海专项督察为重点的海洋督察工作，截止到 2018 年 7 月 6 日，国家海洋督察组已经向 5 省（直辖市）人民政府反馈督察意见，并责令抓紧研究制定整改方案，在 30 个工作日内报送至自然资源部，并在 6 个月内报送整改情况。根据国家海洋督察组向沿海省（自治区、直辖市）反馈的督察情况来看，此次围填海专项督查的共性突出问题如下。

一是国家有关围填海法律法规、政策措施落实不力。沿海省（自治区、直辖市）对国家节约集约利用海域资源的要求贯彻不够彻底，地方性法规与国家相关法规文件要求不符，海洋功能区划制度落实不力，海洋环境保护往往让位于地方经济建设，部分地区脱离实际需求盲目填海，甚至未批先建、填而未用、长期空置，个别项目违规改变围填海用途，用于房地产开发，浪费海洋资源，损害生态环境。

二是围填海项目违法审批，监管失位。各沿海省（自治区、直辖市）围填海项目审批不规范、监管不到位的情况普遍存在，具体表现为有些地方从资源环境监管部门到投资核准部门，从综合管理部门到具体审批单位，责任不落实、履职不到位问题突出；违反海洋功能区划审批项目，化整为零、分散审批等问题频发；基层执法部门对于政府主导的未批先填项目制止难、查处难、执行难普遍存在；违法填海罚款由地方财政代缴，或者先收缴再返还给违法企业，行政处罚流于形式。

三是近海海域陆源污染严重，海洋生态环境保护问题仍然突出。近岸海域污染防治不力，陆源入海污染源底数不清，局部海域污染依然严重；督察组排查出的各类陆源入海污染源，与沿海各省报送入海排污口数量差距巨大[176]。全国共排查出 2 900 余个养殖排污口，环保、渔业和海洋部门均未实施有效监管。全国审批的入海排污口仅 570 余个，占入海污染源总数的 8%。此外，由于入海污染源动态变化快、隐蔽性强，增加了对入海污染源实施监管的难度。大量排污口设置未执行相关法律和海洋功能区划的要求，未综合考虑区域水动力、环境承载力和生态敏感性的特点进行科学选划布局。根据排查结果，全国疑似设置不合理的入海排污口近 2 000 个，约占入海污染源总数的1/4，主要位于海洋保护区、重要滨海湿地、重要渔业水域等生态敏感区域。

结合海洋督察反馈的情况，国家海洋局针对围填海采取了一系列管控硬措施：密集出台政策，完善严管严控的制度体系；率先在海洋领域推行生态保护红线制度；实施区域限批，对围填海项目实行有保有压；坚持"生态优先，节约优先"，严格填海项目论证、环评审查；约谈地方政府负责人，强化压力传导；建立实施海洋督察制度。国家海洋局将聚焦"十个一律""三个强化"，采取"史上最严围填海管控措施"[177]。

"十个一律"：

①违法且严重破坏海洋生态环境的围海，分期分批，一律拆除；

②非法设置且严重破坏海洋生态环境的排污口，分期分批，一律关闭；

③围填海形成的、长期闲置的土地，一律依法收归国有；

④审批监管不作为、乱作为，一律问责；

⑤对批而未填且不符合现行用海政策的围填海项目，一律停止；

⑥通过围填海进行商业地产开发的，一律禁止；

⑦非涉及国计民生的建设项目填海，一律不批；

⑧渤海海域的围填海，一律禁止；

⑨围填海审批权，一律不得下放；

⑩年度围填海计划指标，一律不再分省下达。

"三个强化"：

①坚持"谁破坏，谁修复"的原则，强化生态修复；

②以海岸带规划为引导，强化项目用海需求审查；

③加大审核督察力度，强化围填海日常监管。

"十个一律""三个强化"意味着从 2018 年开始围填海只重点保障国家重大建设项

目、公共基础设施、公益事业和国防建设 4 类用海项目，今后原则上不再审批一般性填海项目，不再分省份下达围填海计划指标，对于未达到自然岸线保有率和对在围填海督察中发现的重点问题整改不到位的地区，2018 年国家海洋局将不受理其围填海申请[178]。与此同时，2018 年 4 月至年底中国海警局将在沿海各地启动"海盾 2018"和"碧海 2018"专项执法行动，其中"海盾 2018"以区域建设用海规划、填海造地和构筑物用海项目为重点，严打海域使用领域重大违法行为；"碧海 2018"则对 2016 年 1 月 20 日《区域建设用海规划管理办法（试行）》前，对已整体实施围填的区域建设用海规划中单个建设项目仍未取得海域使用权的以及区域用海规划范围外已实施但尚未取得海域使用权的非法用海活动将从严查处。

2.1.3　区域用海规划制度的终止

随着海洋开发领域的日益拓展，海域、海岸资源开发利用的强度和密度进一步加大，海洋开发和管理矛盾在不断加大并且在未来还将持续加速。为了缓解这种矛盾，国家海洋局早在 2011 年 9 月就提出海洋资源开发利用必须坚持"五个用海"（规划用海、集约用海、生态用海、科技用海、依法用海）[179]。2015 年 7 月，国家海洋局发布了海洋生态文明建设实施方案（2015—2020 年）。2015 年 10 月，党的十八届五中全会明确开展蓝色海湾整治行动，修复受损岸线和海湾，从而有效控制围填海规模，逐步实现"水清、岸绿、滩净、湾美、岛丽"的海洋生态文明建设目标，该行动在 2016 年 5 月受到了中央财政的支持，计划对实施蓝色海湾整治行动的重点城市给予补助，大大提升我国海洋环境生态保护与建设能力[180]。2016 年 1 月，国家海洋局发布《区域建设用海规划管理办法（试行）》，将生态建设理念纳入区域用海规划制度体系中，5 月国务院发布了《关于健全生态保护补偿机制的意见》，强调到 2020 年要实现海洋等重点领域和禁止开发区域、重点生态功能区等重要区域生态保护补偿全覆盖，11 月和 12 月国家海洋局编制的《海岸线保护与利用管理办法》和《围填海管控办法》先后被审议通过。2017 年 5 月，国家海洋局发布了《建设项目用海面积控制指标（试行）》，该文件是海域精细化管理的“抓手”，是实现节约配置海域资源的重要手段。这都充分体现了国家对于海洋生态文明建设的高度重视与贯彻落实，也反映了我国区域用海规划制度发展演变过程中生态建设从理念到实践的转变。原国家海洋局海域综合管理司司长潘新春指出，未来将以实施依法治海、生态用海为主线，以实施围填海总量控制和自然岸线保有率制度为抓手，以实施保障国家战略用海需求和区域用海规划管理办法为切入，促进区域用海规划和用海项目与生态文明建设相统一[181]。

综合考虑中央环保督察和海洋督察中围填海项目的发展现状和生态影响，2018 年 1 月 21 日全国海洋工作会议中提出要实施最严格的围填海管控，这次会议的召开标志着区域用海规划制度的终止，其具体措施包括[182]：

- 取消区域建设用海、养殖用海规划制度，已批准的，停止执行；
- 强化围填海年度计划指标硬约束，原则上不再审批一般性填海项目，年度计划指标主要用于保障党中央国务院批准同意的重大建设项目、公共基础设施、公益事业和国防建设4类用海，且不再分省下达；
- 实施围填海“空间”限批和“用途”限批，加强围填海的事中事后监管。

区域用海规划制度的终止体现了国家海洋局深入贯彻落实我国生态文明建设和海洋强国建设的重大部署，通过加大对海域资源的管理和调控力度，积极转变用海管理模式。党的十八大以来，习近平总书记多次在国内外重要场合阐述了“绿水青山就是金山银山”的生态文明思想，“绿水青山就是金山银山”深刻阐述了人与自然对立统一的关系，揭示了经济发展与环境保护的辩证关系，彰显了保护生态环境就是保护生产力、改善生态环境就是发展生产力的重要理念，为我国走向生态文明新时代与中华民族可持续发展指明了方向[183]。保护海洋资源是落实“绿水青山就是金山银山”理念的重要举措，节约海洋资源是确保海洋自然价值和自然资本保值增值的客观要求。坚持以海定量、量海而行，禁止不合理需求用海，体现了我国在围填海项目管理过程中逐步构建“生态 + 海洋”的海洋综合管理模式，积极探索基于生态系统的海洋治理新路径。

2.2　我国区域用海规划实施基本情况和分析

2.2.1　我国区域用海规划实施基本情况

2006 年 10 月至 2016 年 4 月，国家海洋局批复了辽宁、山东、河北、天津、上海、江苏、浙江、福建、广东、广西、海南 11 个沿海省区市的区域用海规划项目总数为 105 个，总规划用海面积 201 321.11 公顷，规划填海面积 120 245.34 公顷，占区域用海规划面积总数的 59.73%。其中单个规划用海面积最大的是曹妃甸循环经济区示范区中期工程及曹妃甸国际生态城起步区区域建设用海规划(18 122 公顷,河北省唐山市)，规划用海面积最小的是上海临港物流园区奉贤分区区域建设用海规划（191 公顷,上海市)。

这 10 年间我国区域用海规划项目有着明显的时空变化。以下从区域用海规划项目的空间分布，用海类型和年际分布三个方面分析其数量、用海面积和填海面积的变化趋势。

2.2.1.1　年际变化

从批复数量上来看，高峰期出现在 2012 年，共批复区域用海规划 23 个，占总数的 21.90%；低谷期出现在 2016 年，仅批复 1 个，占总数的 0.95%；分海区来看，北海区也是于 2012 年达到高峰，为 12 个；东海区 2011 年达到高峰，为 9 个；南海区在 2011 年和 2012 年的批复数量一样，均为 3 个。总体来看，各海区的区域用海规划数量变化趋势与全国变化趋势大致吻合，均为 2011 年和 2012 年达到高峰。各海区相比，除 2012 年外，其余年份东海区的区域用海规划数量均位于前列。

从规模上来看，高峰期出现在 2009 年和 2012 年，其填海面积分别为 25 351 公顷和 25 082 公顷，分别占总数的 21.08% 和 20.86%；低谷期出现在 2016 年，填海面积仅为 304 公顷，占总数的 0.25%。以 2012 年为分水岭，2012 年之前和 2012 年之后批复

的区域用海规划数量分别为 68 个和 14 个，分别占总数的 64.76% 和 13.33%；填海面积分别为 82 671 公顷和 12 493 公顷，分别占总数的 68.75% 和 10.39%。

不论是从数量上还是规模上来看，2012 年之前批复的区域用海规划数量、用海面积和填海面积分别占全部区域用海规划的 86.67%、91.88% 和 89.61%，均远超 2012 年之后批复的项目，详见图 2-1 和表 2-2。

2006 年到 2009 年，我国区域用海规划呈波浪式持续增长，到 2009 年达到了顶峰，此后经历了 2010 年和 2011 年两年的低迷期，在 2012 年达到一个新的高峰；作为分水岭，自 2012 年后，我国区域用海规划项目的获批项目开始极速骤减，2013 年仅剩 5 项，之后呈持续走低趋势。

区域用海规划的实施随国家政策法规的调整以及经济发展水平的波动呈明显变化。

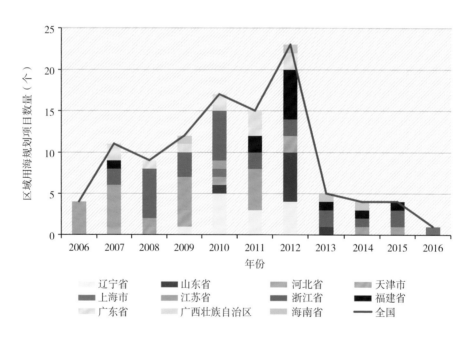

图2-1a 各省区市区域用海规划项目数量年际变化

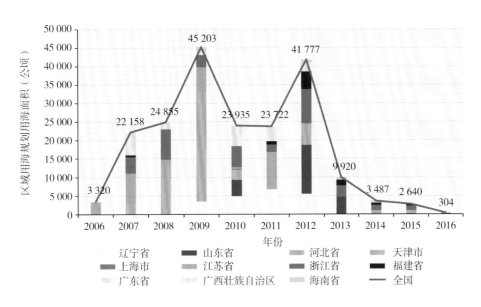

图2-1b　各省区市区域用海规划用海面积年际变化

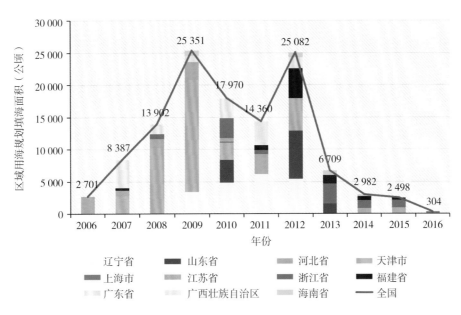

图2-1c　各省区市区域用海规划填海面积年际变化

表2-2a　各地区区域用海规划数量年度统计

（单位：个）

海区	省区市	2006年	2007年	2008年	2009年	2010年	2011年	2012年	2013年	2014年	2015年	2016年	合计
北海区	辽宁省				1	5	3	4					13
	山东省					1		6	1				8
	河北省			1	2			1					4
	天津市		1			1		1					3
	小计	0	1	1	3	7	3	12	1	0	0	0	28
东海区	上海市					1						1	2
	江苏省	4	5	1	4	1	5			1	1		22
	浙江省		2	6	3	6	2	2	2	1	2		26
	福建省		1				2	6	1	1	1		12
	小计	4	8	7	7	8	9	8	3	3	4	1	62
南海区	广东省		2		1	2	1	2					8
	广西壮族自治区						2		1				3
	海南省	0		1	1			1	1				4
	小计	0	2	1	2	2	3	3	1	1	0	0	15
总计		4	11	9	12	17	15	23	5	4	4	1	105
占比（%）		3.81	10.48	8.57	11.43	16.19	14.29	21.90	4.76	3.81	3.81	0.95	100
备注		2012年（含）之前共批复91个项目，占比86.67%							2012年之后共批复14个项目，占比13.33%				

表2-2b　各地区区域用海规划用海面积年度统计

（单位：公顷）

海区	省区市	2006年	2007年	2008年	2009年	2010年	2011年	2012年	2013年	2014年	2015年	2016年	合计
北海区	辽宁省				3 392	4 839	6 647	5 503					20 381
	山东省					4 428.71		13 208.7	4 622.334				22 260
	河北省			12 967	29 843			2 349					45 159
	天津市		2 811			2 686		3 500		0			8 997
	小计	0	2 811	12 967	33 235	11 954	6 647	24 561	4 622	0	0	0	96 796
东海区	上海市					191						304	495
	江苏省	3 320	4 329	1 760	6 576	589	2 030	9 260	3 097	991	983		32 675
	浙江省		8 275	8 242	3 231	5 630	10 181			1 381	1 242		38 442
	福建省		525.5				872	4 789.738	1 484.95	655.683 2	415.390 6		8 743.262
	小计	3 320	13 129	10 002	9 807	6 410	13 083	14 050	4 582	3 028	2 640	304	80 355
南海区	广东省		6 218	1 885		5 571	789	2 374					16 838
	广西壮族自治区				1 000		3 203						4 203
	海南省				1 161			793	716	459			3 129
	小计	0	6 218	1 885	2 161	5 571	3 992	3 167	716	459	0	0	24 170
总计		3 320	22 158	24 855	45 203	23 935	23 722	41 777	9 920	3 487	2 640	304	201 321
占比（%）		1.65	11.01	12.35	22.45	11.89	11.78	20.75	4.93	1.73	1.31	0.15	100
备注		2012年（含）之前共批复用海面积 184 970.2 公顷，占比 91.88%						2012年之后共批复用海面积 16 350.93 公顷，占比 8.12%					

表2-2c　各地区区域用海规划填海面积年度统计

（单位：公顷）

海区	省区市	2006年	2007年	2008年	2009年	2010年	2011年	2012年	2013年	2014年	2015年	2016年	填海面积
北海区	辽宁省				3 392	4 839	6 199	5 423					19 853
	山东省					3 523		7 492	1 578				12 593
	河北省			10 297	17 479			1 560					29 336
	天津市		2 811			2 686		3 500					8 997
	小计	0	2 811	10 297	20 871	11 048	6 199	17 975	1 578	0	0	0	70 778
	上海市					191						304	495
东海区	江苏省	2 701	849	1 378	2 712	528	3 079			864	983		13 094
	浙江省		0	748	0	3 084	644	0	3 097	1 210	1 201		9 984
	福建省		400				734	4 651	1 318	643	315		8 061
	小计	2 701	1 249	2 126	2 712	3 804	4 457	4 651	4 415	2 716	2 498	304	32 038
南海区	广东省		4 327	1 479		3 118	501	1 673					11 098
	广西壮族自治区				1 000		3 203						4 203
	海南省				768			783	716	265			2 532
	小计	0	4 327	1 479	1 768	3 118	3 704	2 456	716	265	0	0	17 834
总计		2 701	8 387	13 902	25 351	17 970	14 360	25 082	6 709	2 982	2 498	304	120 245
占比（%）		2.25	6.97	11.56	21.08	14.94	11.94	20.86	5.58	2.48	2.08	0.25	100

备注：2012年（含）之前共批复填海面积107 752.14公顷，占比89.61%

2012年之后共批复填海面积12 493.2公顷，占比10.39%

2.2.1.2　空间分布

根据表 2-3，从区域用海规划的空间分布看，北海区用海数量为 28 个，占全国比例的 26.67%；用海面积 96 797 公顷，占全国比例的 48.08%；填海面积 70 778 公顷，占全国比例的 58.86%；其中辽宁省用海数量最多，有 13 个；而河北省用海面积和填海面积均最大，分别为 45 159 公顷和 29 336 公顷。

东海区用海数量为 62 个，占全国比例的 59.05%；用海面积 80 355 公顷，占全国比例的 39.91%；填海面积 31 633 公顷，占全国比例的 26.31%；其中浙江省用海数量最多，有 26 个；用海面积也最大，为 38 442 公顷；而江苏省填海面积最大，为 13 094 公顷。

南海区用海数量为 15 个，占全国比例的 14.29%；用海面积 24 170 公顷，占全国比例的 12.01%；填海面积 17 834 公顷，占全国比例的 14.83%；其中广东省用海数量最多，有 8 个；用海面积和填海面积也最大，分别为 16 838 公顷和 11 098 公顷。

总体而言，浙江用海数量最多，上海用海数量最少，分别占全国比例的 24.76% 和 1.90%；从用海规模上来看，用海面积最大的是河北，其规划用海面积和填海面积分别占全国的 22.43% 和 24.40%；用海面积最小的是上海，其规划用海面积和填海面积分别占全国的 0.25% 和 0.41%；综合来看，环渤海地区的河北、山东、辽宁以及"长三角"地带的江苏和浙江的区域用海规划较其他省区市多，泛珠三角经济区的广东和福建、环渤海地区的天津位于中等发展水平，而上海、广西、海南则远少于其他地区，详见表 2-3 和图 2-2。

表2-3　各省区市区域用海规划情况及占各海区比例

海区	省区市	数量（个）	用海面积（公顷）	填海面积（公顷）	数量占比（%）	用海面积占比（%）	填海面积占比（%）
北海区	辽宁省	13	20 381	19 853	12.38	10.12	16.51
	山东省	8	22 260	12 593	7.62	11.06	10.47
	河北省	4	45 159	29 336	3.81	22.43	24.40
	天津市	3	8 997	8 997	2.86	4.47	7.48
小计		28	96 796	70 778	26.67	48.08	58.86

续表 2-3

海区	省区市	数量（个）	用海面积（公顷）	填海面积（公顷）	数量占比（%）	用海面积占比（%）	填海面积占比（%）
东海区	上海市	2	495	495	1.90	0.25	0.41
	江苏省	22	32 675	13 094	20.95	16.23	10.89
	浙江省	26	38 442	9 984	24.76	19.09	8.30
	福建省	12	8 743	8 061	11.43	4.34	6.70
小计		62	80 355	31 633	59.05	39.91	26.31
南海区	广东省	8	16 838	11 098	7.62	8.36	9.23
	广西壮族自治区	3	4 203	4 203	2.86	2.09	3.50
	海南省	4	3 129	2 532	3.81	1.55	2.11
小计		15	24 170	17 834	14.29	12.01	14.83
总计		105	201 321	120 245	100	100	100

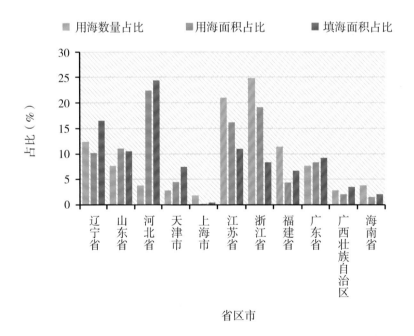

图2-2 各省区市区域用海规划数量及面积占全国比例

根据图 2-3，从单个区域用海规划的平均填海规模上看，北海区的河北、辽宁、山东、天津项目少但是单个区域用海规划的填海规模大，均超过 1 500 公顷 / 个，尤其是河北，仅批复了 4 个，但是单个区域用海规划的平均填海面积为 7 334 公顷，甚至超过了某些

省份（如广西和海南）的批复总面积。东海区的江苏、浙江批复项目数量多，但是单个区域用海规划的平均填海规模都较小，不足 600 公顷 / 个。而南海区的区域用海规划在总体数量和平均规模方面都较小。

区域用海规划发展在空间分布上的不均衡与沿海各地经济水平及资源禀赋条件息息相关。

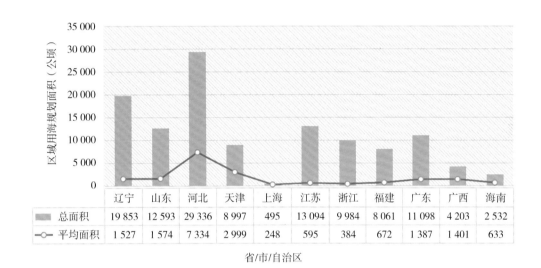

省/市/自治区	辽宁	山东	河北	天津	上海	江苏	浙江	福建	广东	广西	海南
总面积	19 853	12 593	29 336	8 997	495	13 094	9 984	8 061	11 098	4 203	2 532
平均面积	1 527	1 574	7 334	2 999	248	595	384	672	1 387	1 401	633

图2-3　单个区域用海规划填海规模在沿海省区市的差异

2.2.1.3　用海类型空间上的差异性

从用海类型来看，北海区和南海区全部为区域建设用海（含工业用海、滨海旅游和城镇建设）。区域农业围垦用海全部分布在东海区的江苏和浙江，数量分别为 7 个和 15 个，合计占全国区域用海规划总数的 21.90%；用海面积分别为 16 988 公顷和 27 970 公顷，占全国区域用海规划用海面积比例分别为 8.44% 和 13.89%；填海面积都为 0 公顷，详见表 2-4 和表 2-5 及图 2-4。

区域用海规划不同用海类型在沿海各省区市的分布极端不均衡，农业围垦用海仅在江苏省和浙江省出现，主要原因在于二者均分布有典型大规模的淤涨型滩涂，同时受管理部门关于淤涨型高涂围垦养殖相关政策的驱动所致。

表2-4　各省区市各类型区域用海规划占全国总数的比例

海区	省区市	农业用海（个）	建设用海（含工业用海、滨海旅游和城镇建设）（个）	农业用海占比（%）	建设用海占比（%）
北海区	辽宁省	0	13	0.00	12.38
	山东省	0	8	0.00	7.62
	河北省	0	4	0.00	3.81
	天津市	0	3	0.00	2.86
小计		0	28	0.00	26.67
东海区	上海市	0	2	0.00	1.90
	江苏省	7	15	6.67	14.29
	浙江省	15	11	14.29	10.48
	福建省	0	12	0.00	11.43
小计		22	40	20.95	38.10
南海区	广东省	0	8	0.00	7.62
	广西壮族自治区	0	3	0.00	2.86
	海南省	0	4	0.00	3.81
小计		0	15	0.00	14.29
合计		22	83	20.95	79.05

表2-5　江苏省和浙江省区域用海规划用海面积及占各海区和全国的比例

省份	农业用海（公顷）	建设用海（含工业用海、滨海旅游和城镇建设）（公顷）	农业用海占东海区全部用海比例（%）	农业用海占全国用海比例（%）
江苏省（用海面积）	16 988	15 687	21.14	8.44
浙江省（用海面积）	27 970	10 472	34.81	13.89
江苏省（填海面积）	0	13 094	0	0
浙江省（填海面积）	0	9 984	0	0

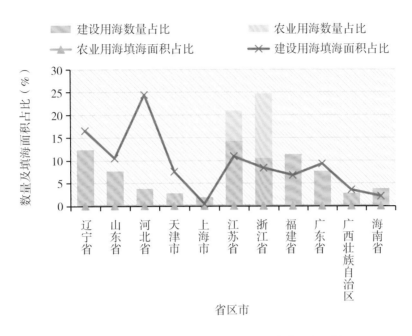

图2-4　各省区市各类型区域用海规划占全国的比例

2.2.2　我国区域用海规划实施分析

2.2.2.1　区域用海（大规模围填海）的驱动力分析

近年来我国沿海经济带迅速发展，沿海土地资源的稀缺使得填海造地活动呈现出速度快、面积大、范围广的发展趋势，区域用海（大规模围填海）的管理与研究成为现实需要。国内外学者对围填海驱动机制的研究已有不少，比如陈凤桂，吴耀建，陈斯婷等（2012）认为围填海较重要的影响因子是人口与经济因子、农业经济因子和产业结构因子[184]；赵梦，张静怡等（2013）认为土地发展空间有限、海域管理政策相对宽松、社会经济发展快速、填海成本较小而收益巨大是我国填海的驱动因素[185]；刘慧、苏纪兰等（2014）认为中国大规模围填海造地背后的原因在于经济发展对土地空间的巨大需求、围填海带来的高额利润、政府部门对经济发展的支持甚于对海洋环境的保护等方面[186]；黄杰等（2016）认为，中国大规模围填海造地的社会经济驱动机制主要为：沿海地区城市和工业发展的现实需要、围填海经济利润较高、地方政府缓解土地供应压力、大规模围填海的海洋管理政策相对宽松[187]。

根据上述对国内学者在大规模围填海驱动机制的研究成果的梳理，结合2.2.1节对区域用海规划在空间分布，用海类型和年际变化三个方面的分析，可以发现，中国当前的围填海活动呈现出以区域用海规划为依托，大面积连片围填海造地，且围填速度快的特点，在环渤海区域尤为突出。我国区域用海规划的发展，主要归因于社会经济、政策调整和各地自然禀赋的差异等因素的驱动。

1）社会经济因素

区域用海（大规模围填海）大潮背后的社会经济因素既有沿海地区工业、城镇向海聚集发展的客观需求，也存在围填海造地经济收益高、地方政府缓解建设用地压力与树立政绩的需要等多因素混合驱动。

（1）城市快速扩张而土地发展空间受限

近年来，一批沿海地区区域发展战略规划相继得到了国务院的批准实施，包括辽宁沿海经济带、河北曹妃甸经济区、天津滨海新区、黄河三角洲生态经济区、山东半岛蓝色经济区、江苏沿海地区、上海"两个中心"、福建海峡西岸、珠江三角洲、广西北部湾、海南国际旅游岛等。为了配合这些沿海地区区域发展战略规划的推进与实施，沿海各个省、直辖市、自治区在未来10年《土地利用总体规划》和《城乡建设发展规划》等相关规划中，都规划出规模庞大的工业城镇建设用地需求。

2008年党的十七届三中全会通过的《中共中央关于推进农村改革发展若干重大问题的决定》明确提出"坚持最严格的耕地保护制度，层层落实责任，坚决守住十八亿亩耕地红线"。耕地的总量保护限制了土地供应的总量，决定了我国的城市化进程不能再依赖占用耕地来无限扩张。在严格耕地保护制度和城市用地大规模扩张的驱动下，很多沿海地方政府将发展方向推向了海洋，通过围填海造地解决土地空间不足或进行占补平衡等做法屡见不鲜[[187]。10年间我国沿海11个省区市区域用海规划获批的填海面积达120 245.34公顷，主要用于工业、城镇、港口及滨海旅游建设，为沿海地区落实国家区域发展战略、承接产业转移、实施经济转型、调整城市和产业布局提供了宝贵空间，有力地支撑了沿海地区一大批石化基地、钢铁基地、船舶基地、港口基地、滨海新城的建设[130]。区域用海规划的实施大大缓解了工业、城镇建设用地紧缺的局面。

（2）填海经济利润高

通过围填海造地获取巨额的经济收益是驱动地方政府超需求大规模围填海的主要原因。

首先，我国的围填海成本普遍较低，根据相关研究，每公顷围填海造地成本在 210 万～450 万元，对于淤泥质、砂质海岸等围填海造地自然条件适宜的地区其填海成本更低[185]，而近年来建设用土地资源价格飙升，地方政府主导编制超大规模的区域用海规划，通过围填海造地形成的土地经整理开发，地方政府通过招标拍卖或者从银行进行巨额贷款融资从而获取经济利益[187]。其次，填海造地比陆地更具吸引投资优势，据初步估算，每公顷填海造地可吸引投资 0.5 亿元。其中工业用海地面基础设施投入更大，每公顷填海造地可吸引投资 0.8 亿元，是陆域一等至四等市县工业项目用地平均投资强度控制指标的 3.3 倍[188]。

（3）经济发展水平变化

陈文刚，汪东川等（2017）的研究表明，我国沿海围填海面积与 GDP 的增长密切相关。2006—2010 年，沿海地区围填海面积和 GDP 几乎以相同的速度增长，围填海受 GDP 涨幅影响显著；2011—2015 年，GDP 涨幅减小，与此同时围填海面积大幅缩水[189]。

表 2-6 和表 2-7 是 2006 年至 2016 年我国国内生产总值（GDP）和海洋生产总值（GOP）增幅（百分点），二者显示出了高度一致的涨落趋势。

作为对海洋经济贡献突出的组成部分，区域用海显然也与 GDP 有着高度相关性。2009 年之前，区域用海建设发展迅猛，到 2009 年达到一个高峰期（见图 2-1）。随着 2008 年全球性金融危机的到来，世界经济受到重创，我国政府于 2008 年 11 月推出 4 万亿元投资计划以及一系列扩大内需的刺激措施[190]，在此大背景下，沿海地方政府纷纷设计重大项目以促进地区经济发展。经历了 2008 年和 2009 年的经济下行，2010 年我国经济形势回升向好（表 2-6），由于项目获批时间的滞后性，区域用海规划也遭遇了 2010 年和 2011 年两年的低迷期，并在 2012 年达到一个新的高峰。此后，大趋势上，沿海省区市乃至国家经济增速逐年变缓，国家海洋局批复的区域用海规划数量、规模均出现逐年下降的趋势。

表2-6　全国及沿海地区生产总值（GDP）增幅一览表

名称	2006年（%）	2007年（%）	2008年（%）	2009年（%）	2010年（%）	2011年（%）	2012年（%）	2013年（%）	2014年（%）	2015年（%）	2016年（%）
全国	12.7	14.2	9.7	9.4	10.6	9.5	7.9	7.8	7.3	6.9	6.7
辽宁	13.8	14.5	13.1	13.1	14.1	12.1	9.5	8.7	5.8	3.0	-2.5
山东	14.7	14.3	12.1	11.9	12.5	10.9	9.8	9.6	8.7	8.0	7.6
河北	13.2	12.9	10.1	10.0	12.2	11.3	9.6	8.2	6.5	6.8	6.8
天津	14.4	15.1	16.5	16.5	17.4	16.4	13.8	12.5	10.0	9.3	9.0
上海	12.7	15.2	9.7	8.2	10.3	8.2	7.5	7.7	7.0	6.9	6.8
江苏	14.9	14.8	12.5	12.4	12.6	11.0	10.1	9.6	8.7	8.5	7.8
浙江	13.9	14.7	10.1	8.9	11.9	9.0	8.0	8.2	7.6	8.0	7.5
福建	14.8	15.2	13.0	12.3	13.9	12.3	11.4	11.0	9.9	9.0	8.4
广东	14.8	14.9	10.4	9.7	12.4	10.0	8.2	8.5	7.8	8.0	7.5
广西	13.6	15.1	12.8	13.9	14.2	12.3	11.3	10.2	8.5	8.1	7.3
海南	12.5	14.5	9.8	11.7	15.8	12.0	9.1	9.9	8.5	7.8	7.5

注：数据来自于2006—2016年全国及各省区市国民经济和社会发展统计公报。

表2-7　全国及沿海地区海洋生产总值（GOP）增幅一览表

名称	2006年（%）	2007年（%）	2008年（%）	2009年（%）	2010年（%）	2011年（%）	2012年（%）	2013年（%）	2014年（%）	2015年（%）	2016年（%）
全国	15.1	15.1	11.0	8.6	12.8	10.4	7.9	7.6	7.7	7.0	6.8
辽宁	—	16.1	17.9	10.0	14.8	27.7	1.4	10.3	8.7		
山东	—	20.5	19.4	8.9	21.6	13.5	11.7	8.1	10.5	12.1	8.3
河北	—	12.9	13.3	-33.9	24.9	25.9	11.8	7.4	17.8	3.5	
天津	—	16.9	18.0	14.3	40.0	16.5	11.9	15.6	10.5		
上海	—	18.2	10.9	-12.3	24.3	7.5	5.8	6.0	-0.9	4.2	
江苏	—	45.6	12.9	28.5	30.7	19.8	11.0	4.2	10.6	9.5	14.4
浙江	—	19.0	19.3	26.7	14.5	16.9	9.0	6.3	3.4	7.3	8.4
福建	—	31.4	17.4	19.1	15.0	16.3	4.6	12.2	18.9	10.0	13.1
广东	—	9.0	28.5	14.3	23.9	11.4	14.3	7.4	13.8	10.5	12.6
广西	—	14.2	16.0	11.4	28.0	19.0	15.9	18.1	9.1	7.5	9.1
海南	—	12.0	15.8	10.2	18.3	16.7	15.2	17.3	2.1	14.4	

注：全国GOP增幅来自2006—2016年中国海洋经济统计公报，各省区市GOP增幅来自2007—2014年中国海洋统计年鉴及中国海洋年鉴，以及2015—2016年各省区市海洋经济统计公报。

图 2-2 表明我国区域用海规划数量和规模在空间分布上有着显著的差异性，结合表 2-6 和表 2-7，可以发现区域用海规划的发展与各地海洋经济发展水平和海洋产业构成紧密相关。总体而言，广东、山东、上海海洋经济发展水平较高，浙江、福建、江苏、天津、辽宁、河北处于中等水平，相比之下，海南、广西较为滞后。除上海外，其余沿海省区市的区域用海数量和面积与 GOP 体现了较为明显的正相关性。同时可以发现，我国沿海地区宏观海洋生产总值结构分为两种：一种是第二产业占主导，如河北、山东、辽宁、天津，其区域用海规划受海洋经济的驱动非常明显；另一种是第三产业占主导，如上海和广东[191]，其海洋经济的发展依托于海洋服务性行业的发展，因而对区域用海规划的驱动作用较弱（表 2-8）。

表2-8　2006—2016年沿海地区区域用海规划面积与海洋经济及产业构成对比

区域用海面积		海洋经济发展水平 *		海洋产业结构 *	
多	河北、山东、辽宁、江苏、浙江	高	广东、山东、上海	II > III > I	天津、河北、山东、江苏、辽宁
中等	广东、福建、天津	中等	浙江、福建、江苏、天津、辽宁、河北	III > II > I	上海、福建、广东、浙江、广西
少	上海、广西、海南	低	广西、海南	III > I > II	海南

注：① I 为海洋第一产业（海洋农林渔业）；II 为海洋第二产业（泛指以开发海洋非生物资源及后续加工生物资源的经济活动，主要有海洋油气业、海洋矿业、海洋盐业、海洋化工业、海洋生物医药业、海洋电力业、海水利用业、海洋船舶工业、海洋工程建筑业等）；III 为海洋第三产业（泛指海洋服务性行业，主要有海洋交通运输业、海洋旅游业和海洋科研教育管理服务业等）[192]。②*数据来源于2006—2014年中国海洋统计年鉴以及2015—2016年沿海地区海洋经济统计公报。

2）政策法规因素

近岸海域作为我国特殊的宝贵资源，长期以来各级政府均存在重开发轻保护的倾向。为合理开发利用海域资源，整顿和规范围填海秩序，保障沿海地区经济社会的可持续发展，2006 年至 2016 年，国务院和国家相关部委陆续出台了一系列方针政策，用于规范区域用海管理工作，确保科学开发和有效利用海域资源。

2006 年《关于加强区域建设用海管理工作的若干意见》（国海发〔2006〕14 号）

基于生态用海的

海洋空间规划研究与实践 》》

要求对区域建设用海实行总体规划管理并编制区域建设用海总体规划，以解决单个项目用海论证可行而区域整体论证不可行的问题，自此打开了区域用海规划申报和审批的大门。2009年《关于加强围填海规划计划管理的通知》（发改地区〔2009〕2976号）提出对于连片开发，需要整体围填用于建设或农业开发的海域，需编制区域用海规划，由此建立了区域用海规划制度。

自此开始，区域用海规划呈现一个蓬勃发展的态势。由于缺乏合理有效的统筹与规划，随之而来的是对岸线和海域资源简单粗放的开发利用。为此，2008年至2011年国家相关部委相继出台了关于围填海管控和区域用海规划编制的一系列文件规范，用于规范区域用海管理工作，指导区域用海总体规划报告的编写，实现科学合理用海。这一阶段区域用海规划处于迅猛发展期。

随着区域用海规划的大规模开展，越来越多的海洋环境问题日益凸显。2012年党的十八大报告提出了"大力推进生态文明建设"的指导方针，强调了"保护海洋生态环境"的发展目标[193]；国务院和国家海洋局等相关部门也逐步加强对围填海的管控，陆续出台《国家海洋局海洋生态文明建设实施方案（2015—2020年）》等若干文件，并在《全国海洋功能区划（2011—2020年）》确立了"在发展中保护、在保护中发展"的原则，而各省区市获批的海洋功能区划在填海规模、海洋保护区面积、整治修复海岸线长度等方面也给出了明确的量化指标，区域用海规划开始得到有效控制。

在此后的几年间，国务院和国家海洋局等相关部门逐步加强对围填海的管控，通过出台相关文件规范区域用海规划的编制，加强区域用海规划监督检查，并要求将"依法用海、生态用海理念贯穿于规划编制和实施的全过程，着力打造海洋生态文明建设的典范"。2016年《围填海管控办法》提出"严格控制围填海总量以及围填海活动对海洋生态环境的不利影响，实现围填海经济效益、社会效益、生态效益相统一"，区域用海规划面临着自2006年以来最严格的生态门槛和用海管控。体现在时间尺度上的区域用海规划项目从2013开始下行，至2016年直接跌入低谷。

2016年后，国务院和自然资源部等相关部门通过蓝色海湾整治行动[194]、生态保护

68

补偿机制的健全[195]等方案计划不断落实生态用海理念。2018 年 1 月全国海洋工作会议中提出的"要实施最严格的围填海管控，取消区域用海规划制度，所有经批准的区域用海规划一律不再实施"[196]。至此，区域用海规划制度宣告终结。虽然这一信号导致了区域用海规划和大型填海工程的结束，但它明确宣告了中国坚决实施生态用海的决心（图 2-5）。

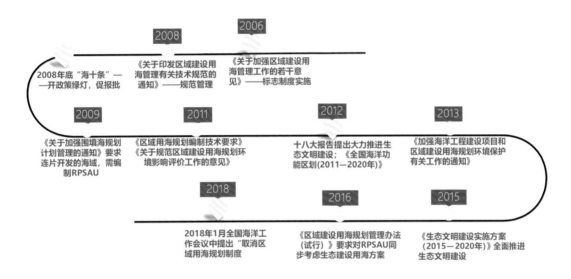

图2-5　2006—2018年国家关于区域用海规划的政策发展历程

3）海洋资源禀赋条件

区域用海规划发展在空间分布上的不均衡一方面受沿海地区经济差异的影响，另一方面也受沿海地区不同的海洋资源禀赋条件限制。表 2-9 是近 10 年我国沿海地区资源优势、海洋资源利用率及区域用海规划规模情况。

从对海洋资源的利用率上看，沿海各地区有所差异。对海洋资源的利用率可分为三个梯队，其中上海、天津、山东、广东利用率较高，其次为福建、浙江、海南、江苏，而辽宁、广西、河北利用率最低[197]。

可以窥见，我国沿海地区海洋资源禀赋条件的差异对区域用海规划的驱动作用并无十分明显的规律，尤其是辽宁、广西、河北等资源利用率低的地区。表明近 10 年我国区域用海规划的发展更多的是受社会经济和国家政策的驱动，而受海洋资源禀赋条件的限制较小。如河北省滩涂面积 1 018 平方千米，岸线长 487 千米，在沿海 11 个省区市中排名分布为第 8 位和第 10 位，而该省 2006—2016 年共实施区域用海面积为 45 159 公顷，其中填海面积 29 336 公顷，分别占全国的 22.43% 和 24.40%，均位于第 1 位。

从区域用海规划不同用海类型在沿海各地区分布的极端不均衡来看，由于江浙两省滩涂面积极广，尤其淤涨型滩涂更是分别占到了其滩涂面积的 74% 和 88%；因此通过统一规划，合理布局，实行科学合理的围垦，用于发展种植业、林业、畜牧业和水产养殖业，使淤涨型滩涂能够得到有效利用。而其他沿海地区此资源条件不明显，因此区域农业围垦用海规划集中分布于江浙两省。

4）小结

区域用海规划是对海岸地带改变巨大的人工工程，其过程具有经济收益与生态风险并存的双重特点。从时间上看，区域用海规划速度经历了从快、加速、更快直到稍缓的过程，与社会经济发展水平和国家的政策法规紧密相关；从空间上看，区域用海规划范围受制于社会经济发展水平的不均衡和自然资源条件的差异。我国区域用海规划的发展是社会经济的驱动，国家政策法规的引导以及自然资源、生态环境制约之间的博弈和综合（图 2-6）。

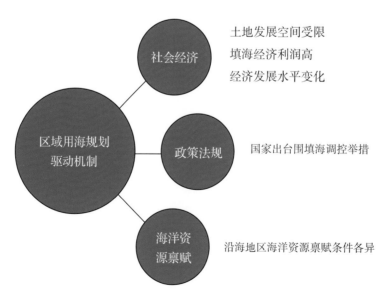

图2-6　区域用海规划驱动要素一览

表2-9 2006—2016年我国沿海地区资源优势、区位条件一览表

地区	空间资源*		港口资源*	渔业资源*	矿产/盐业/能源*	滨海旅游资源*	资源利用率	用海规模
	海域/滩涂（平方千米）	岸线（千米）						
辽宁	4.1万/2 070	2 110	深水岸线400余千米，海湾52个，优良港址38处	经济鱼类80余种，渔业生产潜力230万吨	石油储量7.5亿吨，天然气近千亿立方米，海砂储量30亿吨		低	多
山东	4.73万/3 200	3 345	1/3以上为基岩港湾式海岸，水深坡陡，建港条件优越	鱼虾蟹类、头足类、贝类等渔业资源丰富	油气、煤炭、金矿、地下卤水储量较大		高	多
河北	7 228/1 018	487	岬角式港湾3处、潟湖沙坝2处、河口港址31处	海洋生物660余种，其中经济价值较高的30余种	渤海油田等油田主要勘采区；已探明石油储量8.4亿吨，天然气储量97.1立方米	单体旅游资源151处，已开发山海关、北戴河等5大景区	低	多
天津	2 146/336	154			石油储量1.9亿吨，年产原盐150万吨	滨海旅游资源丰富	高	中等
上海	9 000/646	594	深水岸线约130千米，码头1 140座			与周边海岛构成滨海旅游点	高	少
江苏	3.48万/5 000；淤涨型滩涂74%	954	有连云港（亿万吨级吞吐量）等5大港口	生物量14.5万吨，可捕量6.6万吨	潮汐能、波浪能丰富，风能密度63.4~381.5瓦/米	以山海景观和湿地生态为主要特色	中等	多

续表 2-9

地区	空间资源*		港口资源*	渔业资源*	矿产/盐业/能源*	滨海旅游资源*	资源利用率	用海规模
	海域/滩涂（平方千米）	岸线（千米）						
浙江	4.44万/2 160；淤涨型滩涂88%	6 700	港口分布均匀，有宁波-舟山港等5大港口	拥有我国最大渔场22.27万平方千米，可捕量占全国的27.3%	海底以非金属矿为主，大陆架油气储量丰富	海、崖、岛、礁众多，可开发景点450余处，旅游类型多样	中等	多
福建	3.76万/2 912	3 752	海湾125个，多处可建5万吨级至20万~30万吨级深水泊位	四大渔场，近海海生生物约3 312种	矿产60余种，矿产地300多处，油气总储量3亿吨，潮汐能储量居全国首位	滨海旅游以名山奇石、海岛风光、滨海沙滩为主	中等	中等
广东	6.48万/2 019	4 114	海湾510多个，适宜建港的200多个，天然航道通往东南亚	多种水生生物的"三场一通道"	油气储量丰富	拥有红树林、珊瑚礁、海草床等特色景观	高	中等
广西	4万/1 005	1 595	港湾众多，可建万吨级深水泊位上百个	鱼类500多种，虾蟹类220多种，是著名的珍珠产地	海洋能源总储量92万千瓦	红树林、湿地、珊瑚礁等自然景观，可发展跨国滨海旅游	低	少
海南	2万/3 200	1 928			油气总储量200亿吨	宜开发热带滨海和海岛休闲海域，已有滨海旅游景点83处	中等	少

注：*资料来自各省区市海洋功能区划（2011—2020年）及海洋主体功能区规划。

2.2.2.2 区域用海（大规模围填海）的利弊分析

海洋是人类可持续发展的重要基地，也是人类未来生存发展的希望。世界各沿海国家，面对有限的土地资源，都在向海洋要土地，对海洋进行围垦已经成为各国沿海地区拓展土地、空间，缓解人地矛盾的重要途径之一。纵观国内外围填海的发展历史，可以发现围填海造地有利也有弊。利主要体现在社会经济方面，而弊主要体现在自然和生态环境方面，累积性负面影响更集中表现在资源影响上[198]。从海洋生态环境保护和海洋生态文明建设的视角来讲，围填海永久性改变了海域的自然属性，大规模填海造地对海域资源造成了不可逆转的破坏，对河口和近岸海洋生态环境造成了巨大的损害和显著的负面效应。

为解决这些问题，中国政府于 2006 年提出"区域用海规划制度"[146]。从理论上说，区域用海规划相对于传统的围填海项目，避免了对海域资源的无序和无度的占用，是一种更为高效、生态和集约的用海方式[146,199]。但区域用海也不可避免地要占用和消耗海洋资源，还可能会改变海洋水动力条件，减少天然湿地的面积，破坏海洋生物栖息环境等[200, 201]。表 2-10 是 2006 年至 2016 年国家海洋局批复的单个项目确权填海面积和区域用海规划范围内实际填海面积，可以发现区域用海规划的获批填海规模在总量上和单个确权项目的总量相当，因此区域用海规划对海洋经济的促进及对海洋资源环境的破坏程度也不可小觑。

表2-10　2006—2016单个项目确权填海面积和区域用海规划范围内
获批填海面积对比一览表

（单位：公顷）

年份	2006	2007	2008	2009	2010	2011	2012	2013	2014	2015	2016	合计
单个项目确权填海面积	11 290	13 430	11 000	17 890	13 600	13 950	8 69	13 170	9 767	11 055	0	124 021
区域用海规划范围内获批填海面积	2 754	5 756	13 510	24 446	10 749	10 351	15 467	4 103	2 159	2 282	11	91 588

因此，必须加强对围填海活动的监督管理，实现海陆资源的统筹利用和海洋资源的有序开发，以推进大规模围填海在经济效益、社会效益和环境影响之间达到动态平衡。

1）区域用海规划（大规模围填海）的优势

（1）社会经济效益

①拓展国家战略实施空间。

从2006年10月到2016年4月的10年间，国家海洋局累计批复沿海省市区域用海规划的填海面积达到120 245公顷，为保障国家战略实施、弥补建设空间不足、缓解耕地保护压力发挥了巨大的保障作用。

我国沿海地区工业化、城市化的快速发展造成了大规模的适宜建设国土空间的需求。中国中央政府执行"坚决守住十八亿亩耕地红线"的政策[187, 202]，土地供应总量受到限制，无法提供满足经济发展所需的大量土地空间资源，而中国沿海11个省市，以12.7%的国土承载着43.0%左右的人口[203,204]，生态环境压力巨大。在各方条件适宜的地区科学、适度地填海造地，成为经济飞速发展阶段沿海地区化解空间资源瓶颈的一种行之有效的方法。

传统的用海审批制度下的用海项目比较零散，导致海域资源利用效率低下，海洋产业布局分散。区域用海规划由地方人民政府组织编制，必须符合海洋功能区划，并与城市、土地利用等规划相衔接，为沿海地区落实国家区域发展战略、承接产业转型、调整城市和产业布局提供了宝贵空间，有力地支撑了沿海地区一大批石化基地、钢铁基地、船舶基地、港口基地和滨海新城等的建设。区域用海规划从区域整体发展的高度，将零散的用海需求整合在一起，并考虑到长期的产业可持续发展以及管理监督等问题，从而进行用海选址、产业布局等相关科学论证与规划，解决了原先的零散用海造成的产业规模小，布局无章、难以监管等问题，促进了海洋产业集聚规模化发展，提高了海域资源利用效率[130]，同时，也为落实沿海地区一体化布局，带动传统欠发达地区的发展转型提供了有力支撑。

②推动区域经济快速发展。

在我国特别是东部沿海地区，人地关系紧张，土地是决定经济增长的重要生产要素。填海造地与沿海经济发展息息相关，为区域经济的发展提供了更加融洽的投资环境，经济的发展与就业的增长存在着互相促进的关系，即经济发展能拉动就业，就业增长又反过来促进经济的健康发展。具体来说，区域用海规划为沿海区域提供大量后备土地资源，缓解了原有土地资源供应的压力，且往往因为促进了重大用海工程的建设，如高新产业园、滨海新城等，又反过来提升了围填海地区及其周边土地的升值，更创造了更多的就业岗位，拉动了沿海地区的区域经济发展。如天津滨海新区区域建设用海规划，面积达到 227 000 多公顷，已建设成为北方国际航运中心和宜居生态型新城区，仅 2013 年生产总值就达到 8 020.4 亿元，同比增长 17.5%，新增就业 12 万人[205]。据测算，仅 2008 年到 2012 年的 5 年间，我国填海造地共带动沿海地区就业约 98 万人，涉海就业人数约占其中的 1/10[206]。

（2）环境效益

①避免或缓解海洋灾害的影响。

围填海和海堤修筑，有效地挡住了海潮的侵袭，可使所在地的自然环境发生重大改变，改善滩涂生境。科学合理的填海平面设计对于降低灾害风险、减少灾害隐患，尤其是降低人为自然灾害风险有着极其重要的意义[207]。

沿海许多地区都是海洋自然灾害的频发区，海岸经常会受到台风、海啸、海流的袭击、侵蚀和冲刷，而通过围垦工程和岸线整治，可以有效防御风暴潮袭击，避免或缓解海蚀作用的影响，改善岸线景观，对海岸带及海岸工程、浅海域生态和沿海人民的生命财产安全起到保护作用。在围填海的同时，如果能同时重视新海堤的植树造林和绿化，既能保护海堤，又可以改善生态环境，还起到抵御风暴潮灾害方面的重要作用。

②优化港口等资源的配置与利用。

一方面，我国沿海部分港口城市普遍存在深水泊位不足，停泊等级较小以及缺乏库场等问题，设施不完善导致装卸效率低，影响了港区的发展。围海造陆改造工程可以解决沿海港口不足的问题，增加港口泊位，优化整合沿海港口的资源配置[208]。

另一方面，我国东南部的部分沿海城市，河口海岸以及岛屿周围的滩涂面积比较大，且绝大多数为沉积淤泥，土质颗粒细腻，科学合理地进行围海造陆的改造，可以合理有效地利用沿海滩涂资源，滩涂资源的围垦开发，已经成为实现耕地总量动态平衡的重要途径[209]。

2）区域用海规划（大规模围填海）对海洋资源环境的负面影响

在用海实践中，我国对海洋的开发，特别是对空间资源的利用存在着简单、粗放等诸多问题。已实施的填海造地工程大多采用沿海岸向海中平行推进的围填方式，利用海湾口门的最短直线围堰填海方式以及利用岛礁为依托的连接岛礁填海等方式，这类填海方式只注重增加可利用的土地面积，忽视了海岸和近岸海域资源的利用效率和价值，也忽视了海岸和近岸海域的生态和环境价值，造成了大量天然海岸线、公共可利用海岸线和近岸海域等稀缺资源的迅速减少，导致中小海湾加速消失，岛礁数量急剧减少，严重降低了海域功能的有效发挥[210]。填海面积动辄数平方千米甚至几百平方千米，大规模围填海在产生巨大的社会经济效益的同时，也给海洋环境造成了深远的影响，包括造成海洋自然景观破坏，滨海湿地丧失，河口行洪断面缩减，潮流通道堵塞，海湾和河口纳潮量急剧降低，近岸海域生态环境持续受损，海水动力与冲淤环境严重失衡等海域功能和资源损害等海洋环境问题[211]。

（1）对海洋环境的影响

大规模围填海造地可导致潮差变小，潮汐冲刷能力降低，港湾内纳潮减少，湾内水交换能力变差，使得近岸海域水环境容量下降，削弱了海水净化纳污能力，加剧海水富营养化风险，增加大规模赤潮事件发生概率。围填海材料中的污染物质和围填海活动过程中产生的大量悬浮泥沙也对海洋环境产生一定影响[212]。

另外，由于岸线、海底形态的改变，影响了自然条件下的潮流场与泥沙运移规律，某些情况下会在局部造成持续的侵蚀或淤积，破坏海岸与海底的自然平衡状态。由于围海造地多发生在沿海港湾内，很容易造成港湾内泥沙淤积，使航道变窄、变浅，严重影响了船只航行。江河入海口处的围海造地还会阻塞部分入海河道，影响排洪、衍生洪灾。

大规模围填海造地用来发展海水养殖、建设港口，工业化和城镇化都不同程度地增加了生产和生活污水的入海量，也是导致沿岸水质，尤其是垦区直排口附近水质恶化的重要原因。同时，围垦的土地绝大部分依然在种植户和养殖户手中，他们大量使用的化肥、农药及排放的污染物，也严重污染了海洋环境[213]。

在陆地和大海之间的滩涂起到环境容纳与自净的作用。污染物质在流到大海之前，有一个缓冲和稀释的过程，许多有毒物都是吸附在沉积物的表面上或含在黏土的分子链内的。在许多湿地中，较低的水流速度有助于沉积物的下沉，也有助于与沉积物结合在一起的有毒物的储存与转化，使海洋生物有一个适应过程。在某些情况下，一些植物物种能有效地吸收有毒物质。大规模围填海使得滩涂资源丧失，并改变了局部海域的沉积环境，主要表现在悬浮物扩散和沉降引起局部海域表层沉积物环境的变化。施工悬浮泥沙进入水体中，其中颗粒较大的悬浮泥沙会直接沉降在填海内，形成新的表层沉积物环境，颗粒较小的悬浮泥沙会随海流漂移扩散，并最终沉积在疏浚区周围的海底，将原有的表层沉积物覆盖，引起局部海域表层沉积物环境的变化。

（2）对海洋生态的影响

围填海占用的海域，其底质环境完全被破坏，绝大部分底栖生物被掩埋、覆盖而死亡，围填海对潮间带和底栖生物群落的破坏是不可逆转的。围填海工程建设期使海水中悬浮物增加，海水透明度下降，不利于浮游植物的光合作用，抑制浮游植物的细胞分裂和生长，降低单位水体内浮游植物的数量。同时悬浮颗粒会黏附在浮游动物体表面或者适当粒径的悬浮颗粒被虑食性生物摄食，干扰其正常的生理功能。

围填海导致沿海滩涂生态环境恶化。由于生物只能适应某些自然条件，故在决定生态系统内种群结构时，自然条件往往发挥着更重要的作用。围海工程极大地改变了海洋生物赖以生存的自然条件，从而致使围海工程附近海区生物种类多样性普遍降低，优势种和群落结构也发生改变，这一点无论是在表层的浮游植物、浮游动物，还是在底栖生物调查中都得出同样的结果。再加上海洋捕捞过度、大量陆源污染物未达标排放等因素，致使渔业资源萎缩，造成红树林、珊瑚礁、海岸滩涂、湿地等典型生态系统的减少，甚至消失[214]，侵占和破坏重要经济生物的产卵场、索饵场、育幼场和洄游通道等[211]，也影响鸟类的繁殖、栖息和迁徙等活动[215]，造成海洋生态环境的持续恶化。

此外，围填海占用的海域，降低了浮游植物的数量，导致该水域内初级生产力水平下降；同时降低了滩涂湿地物质生产功能，改变了湿地的自然属性，导致其提供气候调节、水文调节、防灾减灾、污染物净化及提供生物栖息地等功能丧失，对滩涂湿地生态系统造成了不可逆转的破坏。总体而言，围垦活动对沿海滩涂的土壤性质、生物多样性、生态安全和生态系统服务等方面均产生不利影响[216]。

（3）海洋资源损失

大规模围填海造成大量的岸线资源、滩涂资源、海洋生物资源和景观旅游资源的锐减，甚至消失。

我国原有1.8万千米长的大陆自然岸线，经过几轮的大规模围填海造地浪潮后，目前我国自然岸线的保有率不足50%[217]。盲目的围海造地造成天然滨海湿地削减，不仅滩涂湿地的自然景观遭到严重破坏，填海区内的潮下带海洋栖息生境将变成陆地，填海区内的底栖生物也将不复存在。据不完全统计，我国现今海湾、河口、海涂及生态湿地的面积已经减少了约一半。

围海造地还常常会破坏一些珍贵的海岸景观和历史遗迹，如红树林、珊瑚礁海岸，它们不仅是珍贵的生态系统，也是重要的自然景观。良好的海岸自然景观具有很高的美学价值和经济价值，围填海后，人工景观取代自然景观，降低了自然景观的美学价值，很多有价值的海岸景观资源在围填海过程中被破坏。

2.3　基于生态用海的区域用海规划

区域用海规划的实施为优化围填海平面布置，提升海洋产业配置以及促进海岸带宏观战略发展做出了巨大贡献，但与此同时，全国多地出现大规模填海造地、违法填海和先填后批等现象，对海洋生态环境造成了重大影响[218]。

　　为妥善处理经济发展与生态文明建设的关系，合理开发利用海洋资源，有效保护海洋生态环境，2011 年 9 月，国家海洋局提出"五个用海"，第一次提炼出"生态用海"理念，要求"按照整体、协调、优化和循环的思路，进行海域资源的合理开发与可持续利用，维持海洋生态平衡"。此后，通过"海洋生态文明建设实施方案（2015—2020年）"、蓝色海湾整治行动、生态保护补偿机制的意见等方案计划不断落实生态用海理念。2018 年 1 月全国海洋工作会议中提出的"要实施最严格的围填海管控"。这一系列举措表明了政府部门落实海洋生态文明建设的决心和行动（图 2-7）。

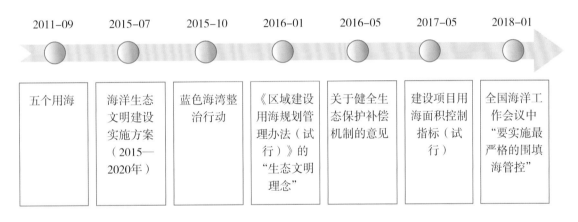

图 2-7　区域用海规划中"生态用海"理念与实践时间轴线

　　据统计，自 2010 年以来，国家海洋局协同相关部门积极推进海洋生态修复工程，累计投入中央财政资金 137 亿元，修复后具有生态功能的岸线长度 240 余千米，恢复修复滨海湿地面积 2 300 余公顷，修复沙滩面积 1 200 余公顷，并提出未来"将坚持集约优先、保护优先、自然恢复为主的方针，根据国家'十三五'规划，制定海洋生态修复计划，大力推进'蓝色海湾''南红北柳'等整治修复工程"[218]。

　　此外，2016 年，中央全面深化改革领导小组审议通过了《围填海管控办法》，在系统总结围填海管理实践的基础上，要求进一步加强围填海管控力度。新增围填海项目要同步实施生态保护修复，最大程度避免降低生态系统服务功能。对于未经许可的围填海项目，一律由相关执法部门依法查处，责令恢复海域原状。对于违法违规的围填海项目，要进行生态评估，严重破坏海洋生态环境的项目要予以拆除，对海洋生态环境无重大影响的项目要严格管控，要最大限度控制现有围填海面积，并进行生态损害赔偿和修复。对于已批准尚未完成的合法围填海项目，要最大限度控制现有围填海面积，并进行必要的生态修复。这充分体现了国家对于海洋生态文明建设的高度重视与贯彻落实，也反映了我国区域用海规划制度发展演变过程中生态建设从理念到实践的转变[218]。

第 3 章
生态用海理论的提出与发展

3.1 理论背景：生态文明建设

中国早在 20 世纪 80 年代就将"保护环境"确立为一项基本国策,90 年代把"可持续发展"确立为国家战略, 进入 21 世纪先后提出了科学发展观、构建资源节约型、环境友好型社会、建设和谐社会的理念, 这些都为"生态文明"的正式提出奠定了基础[219],"生态文明"的具体内涵也在理论研究和管理实践中不断得到拓展和深化。

2005 年 3 月 12 日, 中国政府在中央人口资源环境工作座谈会上第一次正式提出了"生态文明"这一术语, 强调要全面落实科学发展观, 在全社会大力进行生态文明教育。同年, 著名学者俞可平撰文提出, 生态文明的概念就是"人类在改造自然以造福自身的过程中为实现人与自然之间的和谐所做的全部努力和所取得的全部成果, 它表征着人与自然相互关系的进步状态, 生态文明既包含人类保护自然环境和生态安全的意识、法律、制度、政策, 也包括维护生态平衡和可持续发展的科学技术、组织机构和实际行动", 并指出"建设生态文明"就是"人类积极地与自然实现和谐共生"[220]。

自"生态文明"概念提出后就受到了广泛的关注与重视, 它的发展脉络也与时代主题紧密相连。2007 年 10 月, 党的十七大首次提出"生态文明建设", 强调要基本形成节约能源资源和保护生态环境的产业结构、增长方式、消费方式, 并将"建设生态文明"作为中国实现全面建设小康社会奋斗目标的新要求之一。2009 年 9 月, 党的十七届四中全会把生态文明建设提升到与经济建设、政治建设、文化建设、社会建设并列的战略高度，作为中国特色社会主义事业总体布局的有机组成部分。2010年10月，党的十七届五中全会提出要把"绿色发展，建设资源节约型、环境友好型社会"，"提高生态文明水平"作为"十二五"时期的重要战略任务。2012年，党的十八大报告提出了"五位一体"总体布局，即坚持经济建设、政治建设、文化建设、社会建设和生态文明建设五位一体，全面推进，协调发展，同时提出建设生态文明是关系人民福祉、关乎民族未来的长远大计，党的十八大报告中还明确指出"建设生态文明，实质上就是要建设以资源环境承载力为基础、以自然规律为准则、以可持续发展为目标的资源节约型、环境友好型社会"。2015年3月，《关于加快推进生态文明建设的意见》把"坚持绿水青山就是金山银山"写进中央文件，成为推进中国生态文明建设的指导思想。党的十八大以来，习近平总书记明确提出"绿水青山就是金山银山""保护生态环境就是保护生产力，改善生态环境就是发展生产力"，将生态文明建设推向新的高度，体制改革、环境治理、生态保护的进程明显加快，取得积极成效。2017年，党的十九大报告提出要加快生态文明体制改革，建设美丽中国，明确指出"生态文明建设是中华民族永续发展的千年大计"，并向全世界发出了中国建设生态文明的庄严承诺。

2018年5月18—19日，全国生态环境保护大会在北京召开。会议提出要加大力度推进生态文明建设、解决生态环境问题，坚决打好污染防治攻坚战，推动中国生态文明建设迈上新台阶[221]。在此次会议上，习近平总书记系统性地阐释了新时期我国"生态文明建设"的历史任务、明确了战略部署，并为我国生态文明建设工作划定了时间表和路线图。会议明确指出，"生态文明建设正处于压力叠加、负重前行的关键期，已进入提供更多优质生态产品以满足人民日益增长的优美生态环境需要的攻坚期，也到了有条件有能力解决生态环境突出问题的窗口期"。为适应新时期生态文明建设的新要求，习近平总书记提出六大原则：

● 坚持人与自然和谐共生，坚持节约优先、保护优先、自然恢复为主的方针；

- 践行"绿水青山就是金山银山",贯彻创新、协调、绿色、开放、共享的发展理念;

- 坚持"良好生态环境是最普惠的民生福祉",坚持生态惠民、生态利民、生态为民;

- 贯彻"山水林田湖草是生命共同体",统筹兼顾、整体施策、多措并举;

- 用最严格制度最严密法治保护生态环境,加快制度创新,强化制度执行;

- 共谋全球生态文明建设,深度参与全球环境治理。

在六大原则的指导下,习近平总书记提出要完成"加快构建生态文明体系""全面推动绿色发展""解决突出生态环境问题""有效防范生态环境风险"以及"提高环境治理水平"五大任务,进而实现到 2035 年生态环境质量根本好转、美丽中国目标基本实现;到 21 世纪中叶,全面实现人与自然和谐共生、生态环境领域国家治理体系和治理能力现代化,建成美丽中国的两阶段时间表。

在党中央和国家的高度重视和大力推动下,生态文明建设上升为国家战略,生态文明建设的顶层设计、制度构建和政策体系也逐步完善。与此同时,生态文明建设的兴起与发展为海洋领域提供了宝贵指导,为海洋资源开发利用和海洋生态环境保护的动态平衡奠定了坚实的制度基础,也成了海洋生态文明建设的重要起点和生态用海理念萌生的时代背景。

3.2　理论起源:海洋生态文明建设

3.2.1　海洋生态文明建设的正式提出

面对资源约束趋紧、环境污染严重、生态系统退化的严峻形势,必须树立尊重自然、顺应自然、保护自然的生态文明理念,把生态文明放在突出位置,融入经济建设、政治建设、文化建设、社会建设各方面和全过程,努力建设美丽中国,实现中华民族永续发展。2013 年,习近平总书记在中央政治局第八次集体学习时提出了海洋工作要

做好"四个转变":一是要提高海洋资源开发能力,着力推动海洋经济向质量效益型转变;二是要保护海洋生态环境,着力推动海洋开发方式向循环利用型转变;三是要发展海洋科学技术,着力推动海洋科技向创新引领型转变;四是维护国家海洋权益,着力推动海洋维权向统筹兼顾型转变。

2015 年,党的十八届五中全会通过的"十三五"规划的建议,确立了"创新、协调、绿色、开放、共享"五大发展理念,提出"拓展蓝色经济空间,坚持陆海统筹,壮大海洋经济,科学开发海洋资源,保护海洋生态环境,维护我国海洋权益,建设海洋强国"。基于此,国家海洋局印发《国家海洋局海洋生态文明建设实施方案》(2015—2020 年),第一次正式明确了海洋生态文明建设的总目标、时间表和路线图。该方案着眼于建立基于生态系统的海洋综合管理体系,坚持"问题导向、需求牵引""海陆统筹、区域联动"的原则,以海洋生态环境保护和资源节约利用为主线,以制度体系和能力建设为重点,以重大项目和工程为抓手,旨在通过 5 年左右的努力,推动海洋生态文明制度体系基本完善,海洋管理保障能力显著提升,生态环境保护和资源节约利用取得重大进展。

中国是陆海兼备的海洋大国,海洋是支撑中国经济社会持续发展的"蓝色国土"和"半壁江山"。海洋生态文明是社会主义生态文明的题中之意和重要组成部分。通过海洋生态文明的建设,从而实现以遵循海洋生态系统运行的基本规律为准则,以海洋资源环境承载力为基础,以实现海洋资源环境可持续发展为目标的海洋开发利用活动,进而实现人与海洋的和谐相处与协调发展[222]。

3.2.2　海洋生态文明建设的基本内容

海洋生态文明建设不能简单地理解为改善海洋环境,而是以海洋生态环境的良性循环为关系纽带,以海洋资源开发、发展海洋经济、建设亲海型社会、繁荣海洋生态文明为建设主线,促进人类与海洋和谐发展,最终形成一个和谐共荣的海洋生态文明

系统 [223]。

　　海洋生态文明建设包括理念认知、制度安排和物质生产 3 个方面：①在理念认知层面，就是要以尊重海洋的自然规律、保护自然生产力和生态健康为前提，以人与海洋和谐共生为宗旨，强调人类对海洋的开发要基于对海洋环境的科学认识，以实现海洋经济、社会和生态环境的协调和可持续发展；②在制度安排层面，坚持生态优先原则，建立生态优先的制度体系。以实现传统的分割式的海洋管理体制机制向以生态系统为基础的海洋综合管理体制转变；③在物质生产方面，坚持节约优先、保护优先、自然恢复的方针，以海洋资源环境承载力为基础，以建立节约、环保、优化的海洋开发空间格局、海洋产业结构和海洋经济发展方式为着眼点，建立可持续的海洋经济发展模式，提倡适度的消费方式，加快构建资源节约型、环境友好型社会，努力建设美丽海洋，以实现海洋资源和环境的可持续开发利用 [224]。

3.2.3　海洋生态文明建设制度体系框架

　　党的十八届三中全会在通过的《中共中央关于全面深化改革若干重大问题的决定》（下文简称《决定》）中提出要"建立系统完整的生态文明制度体系，用制度保护生态文明"，构建"源头严防、过程严管、后果严惩"的管理制度体系框架。落实到海洋生态文明建设上面，就是要构建海洋生态文明制度体系框架，实现"水清、岸绿、滩净、湾美、物丰"，就是要以海洋资源环境生态红线管控、自然资源资产产权和用途管制、自然资源资产离任审计、生态环境损害赔偿和责任追究、生态补偿等重大制度作为突破口，建立系统完整的制度体系 [225]，将生态文明建设贯穿于海洋事业发展各方面以及海洋管理、执法全过程。

　　在海洋生态文明建设制度体系框架下，我国海洋生态文明建设成效显著，海洋生态环境呈现出局部明显改善、整体趋稳向好的积极态势，从严管海、生态用海、系统护海、着力净海的工作格局基本形成（表 3-1）。

基于生态用海的

海洋空间规划研究与实践 ≫ ≫

表3-1 海洋生态文明建设制度体系框架[226]

管理体制（《决定》）的根本要求	管理制度（海洋生态文明建设的基本需求）	具体说明（具体、有效的管理制度和规则）
源头防范制度——自然资源资产管理体制	海洋资源资产产权制度	根据海域法，对海岸滩涂和管辖海域等海洋资源进行统一确权登记，建立完整的自然资源调查、评价和核算制度，形成归属清晰、权责明确、监管有效的自然资源资产产权制度
	海洋资源有偿使用制度	加快海洋自然资源及其产品价格改革，建立符合市场规律的自然资源定价制度。坚持使用资源付费；建立资源环境税收制度
	海洋用途管制制度	建立海域使用空间规划体系，划定各类开发管制界限，落实用途管制
	产权交易制度	创建市场规则，完善海域使用和污染物排放许可制度，推行海域使用二级市场交易制度和污染物排污权交易制度
过程监管制度——海洋资源行政监管体制	海洋空间规划制度	实施海洋功能区划
	海洋生态保护红线制度	建立海洋保护区网络，建立国家海洋公园体制。建立海洋资源环境承载力预警机制，划定生态安全关键节点，对环境容量超载区域和关键生态安全节点实施限制措施
	海洋生态补偿制度	坚持谁受益谁补偿原则，完善对重点生态功能区的生态补偿机制，推动具有相关性不同地区间建立海洋生态补偿机制
	海洋资源资产离任审计制度	探索编制海洋资源资产负债表，对主管领导干部实行海洋自然资源离任审计
后果严惩制度——海洋生态环境保护管理体制	独立监管和执法制度	
	海洋污染治理和生态修复制度	建立陆海统筹的生态系统保护修复和污染防治的联动机制
	政府购买第三方服务和特许保护制度	建立吸引社会资本投入的海洋生态环境保护市场化机制，推行环境污染与生态修复的第三方治理，建立海洋环境预报的特许经营与特需保护制度，完善公私伙伴关系
	海洋环境举报制度	及时公布海洋环境信息，建立健全举报制度，加强社会监管
	海洋环境损害赔偿制度	对造成海洋生态环境破坏的责任者严格实施赔偿制度，依法追究刑事责任
	企事业排污总量控制制度	
	环境损害责任终身追究制度	

3.3　理论提出与发展：生态用海

3.3.1　生态用海的提出

基于海洋生态系统的整体性及海洋资源的可持续利用需求，我国逐渐将生态文明建设纳入海洋开发利用管理的全过程。在国家大力推进海洋生态文明建设的过程中，生态用海理念也由此得到提炼和发展。

2011 年 9 月 28 日，《人民日报》于第 11 版刊发了国家海洋局党组书记、局长刘赐贵题为《开发利用海洋资源必须坚持"五个用海"》的署名文章，文中提到的"五个用海"是指规划用海、集约用海、生态用海、科技用海和依法用海[227]。这是"生态用海"理念第一次被国家海洋局正式提炼，其基本内涵就是要坚持"创新、协调、绿色、开放、共享"发展理念，按照整体、协调、优化和循环的思路，科学配置海域资源，优化海洋开发格局，维持海洋生态平衡，实现海域使用的生态效益、经济效益和社会效益最大化。

具体而言，坚持生态用海就是指"要按照整体、协调、优化和循环的思路，进行海域资源的合理开发与可持续利用，维持海洋生态平衡。一是开发使用海域应维护、保持我国海洋生态系统的基本生态功能，特别是着重保护红树林、珊瑚礁、滨海湿地、海岛、海湾、入海河口、重要渔业水域等具有典型性、代表性的海洋生态系统，珍稀、濒危海洋生物的天然集中分布区，以及具有重要经济价值的海洋生物生存区与有重大科学文化价值的海洋自然历史遗迹和自然景观。二是应根据海域的自然禀赋确定具体用海方式，最大程度地发挥特定海域的资源环境潜在功能与海域的经济效用，实现海域使用的生态效益与经济效益的最大化。三是应在现有的技术条件下以生态友好、环境友好的方式开发使用海域，尽可能将对海洋生态环境的影响减轻到最低程度，积极鼓励生态用海活动与海洋生态修复、建设的有机结合。对海洋生态功能已严重受损的海域，在科学、合理开发使用的同时，采取多种手段和必要的修复、建设措施，逐步恢复已受损或遭严重破坏的海洋生态环境，确保海域使用的生态安全。四是应加强海洋生物多样性保护优先区域的保护工作，有效保护海洋典型濒危动物及栖息地，采取有效措施保护海洋生物迁徙通道和生态联系，对受威胁生物实施救护和迁地保护，对受损生物栖息地实施生态补偿"[228]。

生态用海是一个涉及海洋行政管理部门、用海企业、海域使用论证、环境影响评价技术单位和评审机构及专家等多部门、多环节、多领域的系统性工程，有关单位各司其职，部门间通力合作，各环节严格把关，才能实现生态用海的总体目标。简而言之，生态用海的目的就是在利用海洋资源的同时，加强对海洋资源和海洋生态的保护，坚决不能因为发展海洋经济而使海洋环境质量恶化[229]。

3.3.2　生态用海的发展

随着生态用海理念的提出和海洋生态文明建设的逐步落实，生态用海被赋予具体的管理要求。2016 年 1 月 22 —23 日，全国海洋工作会议中要求秉持创新、协调、绿色、开放、共享五大发展理念，以海洋生态文明建设为主线，将"生态 +"贯穿海洋管理各个方面，从而加强海洋生态保护，促进海洋经济发展。一方面要促进"生态 + 海洋经济"发展，重点发展绿色、循环、低碳的海洋生态产业；另一方面要构建"生态 + 海洋管理"方式，集约节约利用海洋资源，开辟基于生态系统的海洋综合管理新途径。同时明确"十三五"海洋工作总体思路是夯实经济富海、依法治海、生态管海、维权护海和能力强海五大体系，实施"蓝色海湾、南红北柳、生态岛礁、智慧海洋、雪龙探极、蛟龙探海"六项重点工程，奋力开创海洋强国建设新局面。

为响应国家海洋生态文明建设的号召，遵循"规划用海、集约用海、生态用海、科技用海和依法用海"的原则，我国各沿海省市积极落实生态用海要求，实现科学开发与制度管控相统一，相继开启了地方特色的海洋生态文明建设与生态用海进程，期冀海洋资源与环境的可持续利用和海洋经济的持续健康发展。在具体行动上主要包括开展海域动态监视监测工作、严格执行海洋生态红线制度、实施近岸海域环境综合治理和完善海洋生态补偿机制等。

3.3.3　生态用海在围填海管理中的实践

2016 年 3 月 16 日，国家海洋局王宏局长在人民大会堂"部长通道"接受媒体采访时，明确提出要"坚持依法治海、生态管海，实施严格围填海管控制度，提高生态用海的门槛"。为加强围填海管理，国家海洋局会同有关部委联合发布了一系列文件，为生态用海管理奠定了制度基础（表 3-2）。

表3-2　围填海管理相关文件

发文部门	文件名称
国家发展和改革委员会、国家海洋局	《关于加强围填海规划计划管理的通知》 《围填海计划管理办法》
国土资源部、国家海洋局	《关于加强围填海造地管理有关问题的通知》
财政部、国家海洋局	《关于加强海域使用金征收管理的通知》 《关于印发〈海域使用金减免管理办法〉的通知》 《关于海域使用金减免管理等有关事项的通知》 《关于印发〈海域使用金使用管理暂行办法〉的通知》
国家监察委员会、原人事部、财政部、国家海洋局	《海域使用管理违法违纪行为处分规定》

在区域用海规划管理上，2016 年颁布的《区域用海规划管理办法》从以下 4 个方面对区域用海规划管理制度进行了调整和创新：一是贯彻了生态文明建设的理念和要求；二是优化了区域用海规划的审批程序；三是确定了规划与用海项目的关系；四是强化了规划实施的事中事后监管。其中，区域用海规划的要求中积极贯彻了生态用海的管理理念，比如在规划选址上，应严格执行生态红线制度，符合生态文明建设相关要求；在规划编制上，应科学设计生态廊道系统，安排一定比例的空间建设人工生态湿地和水系;在规划实施上，应结合海域整治修复，填海造地形成的新岸线应自然化、生态化、绿植化，而且新形成的岸线与建设项目之间应留出一定宽度的生态、生活空间，并向公众开放。该办法还规定新批准区域用海规划都要有生态建设方案，要安排一定比例的湿地、水系、绿地等。

由此可见，经过一系列的顶层设计和政策部署，我国开始逐步严格管控围填海，提高生态用海门槛，坚持依法用海、生态管海，促进海洋资源集约节约利用，项目用海严格执行海洋主体功能区规划、海洋功能区划和生态红线要求。然而，由于生态文明建设的一些重要领域和管理制度还存在明显的立法空白，配套制度设计上尚有重大缺陷，重行政管制，轻市场调节、社会管理，重规划、评价和审批，轻过程和后果的管理监督，导致生态理念在具体管理实践中产生了诸多落实困难，地方政府的短视行为导致"上有政策、下有对策"的现象时常发生，因此生态用海在围填海管理中的应用实践存在着理念和实践的较大落差，需要逐步制定相关法律和措施加以弥补。

3.3.4　生态用海的完善

针对生态用海理念在实践落实中存在的诸多问题，亟待从体系构建、智库建设、政策落实和公众参与等4个方面进行完善。

1）体系构建

构建基于生态系统的海洋综合管理理论体系和制度体系，具体包括开展基于生态系统的海洋综合管理理论研究，根据海洋生态文明建设提出的具体任务，研究制定有关海洋生态环境保护的法律，并逐步完善生态用海的法律制度、管理政策、区划规划和技术规范。

2）智库建设

建立海域综合管理专家智库，具体包括在全国范围内的科研院所、高校、企业、社会团体等机构，广泛遴选第一批专家，组建智库团队，不断充实专家队伍，形成长效运行机制。对专题研究的专家在合作交流、论文发表、经费等方面给予支持。

3）政策落实

全面落实生态用海管理制度及政策，具体包括全面落实国务院关于规范行政审批中介服务的有关要求，强化论证报告评审与技术审查，对非资质单位开展论证工作提出明确要求。同时加强源头控制，建议论证环评评审专家对论证环评报告编制中生态用海政策落实情况，对海洋工程的用海选址、用海布局、生态保护、生态建设等内容进行充分论证和严格审查，对围填海规模和自然岸线占用情况予以重点关注。

4）公众参与

加强生态用海理念宣传和公众参与，具体包括充分利用报纸、网站等新闻媒体，做好生态用海的宣传，倡导生态用海方式，使生态用海观念和政策深入人心。加强监督管理，不断升级和充分利用海域动态监视监测系统等技术手段，建立有效的监督监管机制。

3.4 我国地方生态用海实践

我国沿海区域主要涵盖沿海8个省（辽宁省、河北省、山东省、江苏省、浙江省、福建省、广东省和海南省）、1个自治区（广西壮族自治区）和2个直辖市（天津市和上海市）。为响应国家海洋生态文明建设的号召，遵循"规划用海、集约用海、生态用海、科技用海和依法用海"的原则，各沿海省市区都浓墨重笔开启了地方特色的海洋生态文明建设与生态用海进程，以期海洋资源与环境的可持续利用和海洋经济的持续健康发展。

3.4.1 辽宁省

辽宁省地处东北亚地区中心位置，面向太平洋，是我国万里海疆的最北端，与朝鲜隔江相望，南邻黄海、渤海，海岸带东起丹东鸭绿江口，西至绥中县万家镇红石礁，大陆海岸线全长约2 200千米，岛屿岸线长约650千米，海域面积约15.02万平方千米，近海分布大小岛屿506个，岛屿面积约187余平方千米。为加强海域资源管理和海洋生态环境保护，辽宁省先后颁布了一系列涉海管理文件助力海洋综合管理和海洋生态文明建设，包括《辽宁省海域使用管理办法》《辽宁省海洋环境保护办法》《辽宁省海洋功能区划（2011—2020年）》《辽宁省海岛保护规划（2012—2020年）》《辽宁海岸带保

护和利用规划》《辽宁省海洋主体功能区规划》《辽宁省海洋生态环境保护规划（2016—
2020 年）》以及《辽宁省海洋生态红线管控措施》等。

2012 年 10 月，国家海洋局出台最严格渤海环境保护政策，印发了《关于建立渤海
海洋生态红线制度的若干意见》，为渤海设定生态保护红线，启动了渤海海洋红线试点
工作。该意见指出，海洋生态红线制度是指为维护海洋生态健康与生态安全，将重要
海洋生态功能区、生态敏感区和生态脆弱区划定为重点管控区域并实施严格分类管控
的制度安排[230]。2014 年，为保障蓝色经济持续发展，避免人类活动对沿海地区海洋地
貌、生态产生不利影响，辽宁省建立并实施渤海海洋生态红线制度，确立了 34 个生态
红线区，面积已占近岸海域的 45.2%，新建 6 个海洋特别保护区，近岸海域水质监测
站位增加到 86 个，入海排污口监测频次增加到 6 次，组织了 4 个区域海洋工程环境影
响跟踪监测[231]。

2015 年，辽宁省海洋与渔业厅全面启动了辽宁省沿海六市一县海洋功能区划修编、
报批工作，截至 2016 年 4 月 28 日，大连、锦州、营口、盘锦、葫芦岛市及绥中县海
洋功能区划全部通过省政府批复。本轮区划编制，在省级 93 个一级类功能区框架下，
有重点地划分了 170 个二级类海洋功能区，对海洋保护区、近岸海域保留区、大陆自
然岸线保有率、养殖用海面积、围填海规模等提出了严格的总量控制要求[232]。

2016 年，辽宁省用海审批坚持生态用海，坚持集约节约开发，加大力度整治修复
受损自然岸线，积极营造建设一批具有生态功能人工岸线，全省项目用海形成多元化、
精细化、效益化的海岸线利用新趋势[233]。辽宁省积极落实生态用海要求，实现科学开
发与制度管控相统一，严格执行海洋生态红线制度、自然岸线保有率控制制度和项目
用海平面布局审查制度。

2017 年 2 月，辽宁省海洋与渔业厅发布了《2017 年辽宁省海洋生态环境监测工作
方案》，该方案旨在全面掌握辽宁省管辖海域的环境质量状况，为维护辽宁省海洋生态
安全，实现生态环境的良性循环和经济社会可持续发展提供良好的环境保障[234]。
5 月，辽宁省海洋与渔业厅印发了关于《辽宁省污染防治与生态建设和保护攻坚行动

计划（2017—2020年）》（辽政发〔2017〕22号）的任务分解表，该行动计划对辽宁省全省2017—2020年深入推进污染防治与生态建设和保护进行了全面部署，任务分解表在海洋领域的体现主要是推进海洋生态保护、加强近岸海域环境保护、严守海洋生态红线和实施辽宁新碧海行动等[235]。根据《辽宁省生态文明体制改革实施方案（2017—2020年）》，辽宁省海洋与渔业厅制定了任务分解表，其主要任务包括健全海洋资源开发保护制度、完善海域海岛有偿使用制度、完善主体功能区制度等[236]。10月，辽宁省海洋与渔业厅印发《辽宁省海洋生态红线管控措施》（以下简称《措施》）。《措施》是辽宁省落实海洋生态红线制度的重要举措，是实施最严格海洋环境保护的重要内容，对维护辽宁省海洋生态安全，保障全省社会经济可持续发展和全面实现水清、岸绿、滩净、湾美、物丰的海洋生态文明建设目标具有重要意义，标志着辽宁省海洋生态红线管理进入规范化、制度化轨道[237]。

2018年4月，辽宁省海洋与渔业厅制定了《2018年辽宁省海洋生态环境监测工作方案》。共安排海洋环境状况监测、海洋生态状况监测、海洋环境监管监测、公益服务监测、海洋生态环境风险监测、海洋资源环境承载能力监测6大类监测工作，22项具体监测任务，布设监测站位950个，海洋功能区（4.13万平方千米）全覆盖，监测时间从3月至11月，监测频次1～6次不等[238]。

3.4.2　河北省

河北省位于渤海西岸，是环渤海地区率先转变经济发展方式，发展循环经济的先行省份，也是推进渤海综合整治修复，积极推进海洋生态文明建设的重点地区。2006年，河北省提出建立完善海洋"法规、规划、管理、服务"4个体系后，海洋法规体系建设进一步加快，先后在海陆分界和潮间带使用管理、海域使用金征收管理、海域使用申请审批、海域使用权招标拍卖、建设项目用海预审、围填海计划管理等方面制定实施了多项管理办法，市、县海洋管理部门也在海域招标拍卖、海籍管理、养殖用海管理等方面制定了相关意见，全面提高了海域管理工作的法制化、制度化、规范化水平[239]。

2013 年 4 月，河北省海洋局印发了《河北省 2013 年海域动态监视监测工作方案》，该方案明确了 2013 年将重点对 20 个围填海项目海域使用情况及 4 项区域建设用海规划进行动态监测[240]。同年 11 月 13 日，河北省人民政府批准实施《河北省海岸线保护与利用规划（2013—2020 年）》和《河北省主要项目用海控制指标》[241]。其中，《河北省海岸线保护与利用规划（2013—2020 年）》为全国第一个公布实施的省级海岸线保护与利用规划，《河北省主要项目用海控制指标》的颁布则大力提高了海域利用效率。《唐山市海洋功能区划》编制完成并通过评审，为全国首个通过评审的市县级海洋功能区划。

2014 年，河北省划定自然岸线 17 段，总长 97.2 千米；划定各类海洋生态红线区 44 个，总面积 188 097 公顷，占河北全省管辖海域面积的 26.2%，并规定保护区内不得建设任何生产设施、不得开展工程建设活动。其中，海洋保护区共划定 4 个红线区，包括北戴河湿地公园、昌黎黄金海岸保护区、乐亭菩提岛诸岛保护区和黄骅古贝壳堤保护区。重要滨海旅游区共划定 6 个红线区，包括山海关旅游区、东山旅游区、北戴河旅游区、大清河口海岛旅游区、龙岛旅游区和大口河口旅游区。

2017 年 1 月，河北省国土资源厅印发《河北省国土资源"十三五"规划》（以下简称《规划》）[242]。《规划》明确了在海洋方面的工作目标，到 2020 年，河北优良海水（一类、二类海水水质）面积比例达到 80%，海洋功能区环境质量达标率达到 90%，自然岸线保有率不低于 20%，新建海洋特别保护区（海洋公园）3 个。《规划》确定了"十三五"期间河北海洋工作的主要任务，包括完善海洋管理制度体系，保护海洋资源环境，提升保障能力，推进节约集约用海，加强整治修复，加强区域合作交流，增强海洋预报减灾能力等。

2018 年 3 月，河北省印发《河北省海洋主体功能区规划》，对海洋开发、海洋生态系统修复提出了具体要求：到 2020 年，河北省力争海洋生态系统健康状况得到改善，海洋生态服务功能得到增强，海洋开发强度不超过 4.17%，大陆自然岸线保有率不低于 35%，海洋保护区面积占海域面积比例不低于 5%，优良海水（一类、二类海水水质）

面积占海域面积比例不低于80%[243]。为实现"水清、岸绿、滩净、湾美、物丰"的海洋生态文明建设目标，2018年至2020年，河北省海洋局将强力推进实施近岸海域环境综合治理行动。

3.4.3　天津市

天津是我国北方最大的沿海开放城市，天津海域处于天津市东部，渤海西岸，渤海湾的顶端，海岸线北起津冀行政北界线与海岸线交点（涧河口以西约2.4千米处），南至歧口，岸线全长153.67千米，管理海域面积2 146平方千米。天津海洋资源丰富，优势资源包括港口资源、油气资源、盐业资源和旅游资源。海洋作为战略发展空间、对外交通要道和能源资源储库，对天津未来发展具有十分重要的意义。

2012年2月22日，天津市第十五届人民代表大会常务委员会第三十次会议通过《天津市海洋环境保护条例》（2015年11月27日修改），该条例对天津市涉海部门职责进行了阐述，并指出要采取有利于海洋环境保护的政策和措施，使海洋环境保护工作同经济和社会发展相协调[244]。

2014年7月28日天津市海洋局发布了天津市海洋生态红线区，此次划定的海洋生态红线区包括219.79平方千米海域和18.63千米岸线。天津市海洋生态红线划定工作于2013年正式启动，历经多次修改完善，最终编制完成了《天津市海洋生态红线区报告》。据天津市海洋局介绍，在充分考虑滨海新区未来发展空间基础上，将海洋生态红线区选定在邻近津冀海域行政界线区划区域以及永定新河防潮闸上游区域，划定了天津大神堂牡蛎礁国家级海洋特别保护区、汉沽重要渔业海域、北塘旅游休闲娱乐区、大港滨海湿地以及天津大神堂自然岸线5个区域为天津市海洋生态红线区。

为加强对已划定天津市海洋生态红线区保护、管理，贯彻落实国务院关于在渤海实施最严格海洋环境保护政策，2016年12月，《天津市海洋生态红线区管理规定》正式出台。根据该规定，海洋生态红线区内应严格控制区域及周边入海污染物排放，规范海洋生态红线区内渔业养殖与捕捞行为，并加强对船舶污染、海堤工程建设、河口

治理等活动的管理与监控[245]。

2016 年 7 月 29 日，天津市第十六届人民代表大会常务委员会第二十七次会议通过《天津市湿地保护条例》，该条例的颁布有利于滨海湿地的保护、管理和利用，维护滨海湿地生态功能和生物多样性，促进滨海湿地资源可持续利用，保护和改善滨海湿地生态环境，建设生态宜居城市[246]。2016 年 8 月 2 日，天津市海洋局、科学技术委员会、教育委员会、财政局联合编制了《天津市科技兴海行动计划（2016—2020 年）》，该计划指出要立足天津市海洋资源和生态环境现状，按照生态文明建设和"美丽天津"建设的总要求，大力发展绿色低碳海洋技术，加强海洋生态环境保护与修复、海洋观测与防灾减灾、海洋管理技术研发和推广应用，为天津市海洋经济和海洋生态环境协调发展提供保障[247]。

2017 年 1 月 9 日，天津市海洋局拟定的《天津市建设海洋强市行动计划（2016—2020 年）》得到天津市人民政府的批复，该行动计划提出了到 2020 年实现"五个更加"目标：一是海洋经济更加发达；二是海洋科技更加先进；三是海洋生态更加文明；四是海洋文化更加先进；五是海洋治理更加完善。其中海洋生态更加文明的具体目标包括万元 GDP 能耗累计下降 20% 以上；近岸优良海水水质海域面积比例达到 8% 以上；修复岸线达到 50 千米，整治滨海湿地、入海河口、航道清淤和修复面积达到 4 000 公顷；海洋保护区面积占海域面积达到 1.6% 以上[248]。2017 年 3 月，天津市人民政府印发了《天津市海洋主体功能区规划》的通知，该规划将天津市管理海域划分为优化开发区域和禁止开发区域两类主体功能区，并指出今后 5 年，要结合天津市发展总体定位和不同主体功能区类型，实施有差别的开发保护政策，着力推动形成可持续发展的海洋空间格局[249]。

3.4.4　山东省

为加强项目用海科学化管理，山东省早在 2013 年就出台了《关于加强同一区域内集中建设项目开展整体海域论证环评管理的通知》，对同一区域内产业类型基本相同、用海类型一致、对环境影响相似、建设时间相近的集中建设项目，在全国率先开展同一区域集中用海项目的整体海域论证环评管理，大大降低了单位和个人成本，受到用海业主的一致好评^[250]。2013 年，山东省全省区域建设用海规划累计完成投资超过 520亿元。为加强全省海洋生态环境保护、维护全省海洋生态健康与生态安全，同年 12 月，山东省开始实施渤海海洋生态红线制度^[251]，并于 2016 年 1 月发布了《山东省黄海海洋生态红线划定方案（2016—2020 年）》和建立实施全省海洋生态红线制度的通知。

2014 年，为了建立健全海域海岛海岸带整治修复保护体系，提高海域海岛开发保护能力，推进海洋生态文明建设，山东省在全国率先提出了“区域整治”的理念，编制完成了《山东省海域海岛海岸带整治修复保护规划》，并建立了整治修复项目库。该规划编制遵循了“全域统筹，区域整治；尊重自然，生态优先；因地制宜，突出特色；科学前瞻，分类管理”四项原则，分类确定了重点整治修复保护项目，并提出了项目实施管理和保障措施^[252]。

2016 年，山东省财政厅、山东省海洋与渔业厅联合印发了《山东省海洋生态补偿管理办法》。该办法由山东省财政厅、山东省海洋与渔业厅联合国家海洋局第一海洋研究所成立课题组，连同相关技术导则，进行深入研究、技术考证和反复论证，保证了科学、严谨和很强的可操作性。该办法共分 5 章 26 条，对海洋生态补偿的概念、范围、形式、评估标准、核定方式、征缴使用等，都做了详尽、简洁、明了的规定^[253]。《山东省海洋生态补偿管理办法》是目前全国唯一一个经省级政府同意、省级部门制定实施的海洋生态补偿管理规范性文件，对海洋生态保护补偿和海洋生态损失补偿做了全面规定，是海洋生态文明建设的一项制度创新。有利于提升各级政府依法履行海洋生态保护责任意识，增强对海洋生态系统、海洋生物资源保护修复工作的重视程度；有利于用海企业增强资源有偿使用意识，对其用海行为造成的海洋生态损失进行补偿，有效约束企业用海行为，引导企业理性用海，集约节约用海；有利于推进海洋生态文明建设，对山东省海洋生态环境保护和海洋经济绿色发展具有积极推动作用。2016 年山东省还出台了《区域建设用海动态监管办法》和《关于进一步落实建设用海项目动态监管任务的通知》，建立了海域动态监管质量体系、人员岗位、数据管理等 20 项规章制度。制定了山东省地方标准《建设项目海域使用动态及海洋环境影响跟踪监测技术规程》。利用无人机对重点海域实施了遥感监测，建成地面视频监控点 80 余个[254]。

2017 年 7 月 26 日，《山东省海洋牧场建设规划》发布实施，该规划提出，山东省将着力推进海洋牧场的综合性、生态化建设，创建一批特色鲜明的海洋牧场，进一步完善牧场建设技术支撑体系，实现传统渔业减量增收、提质增效，为建设"海上粮仓"、保障国家粮食安全做出贡献[255]；10 月 10 日，山东省政府新闻办公室召开新闻发布会正式发布《海洋牧场建设规范》地方标准，该标准编制遵循了"生态优先""陆海统筹""三产贯通"和"四化同步"的原则，并基于大量翔实的实验数据与山东省海洋牧场当前建设现状与未来发展方向，它的颁布实施将为山东海洋牧场建设提供有力的支持和保障，对山东打造全国现代化海洋牧场示范区和今后山东海洋牧场科学、规范、有序发展都将产生重要的指导意义[256]。山东省海洋牧场建设系统改善了海底生态环境，养护了渔业资源，提高了渔民收入，得到了社会各界的普遍认可与支持。据测算，山东省 1.95 万公顷海洋牧场每年可通过藻类、贝类增殖等方式吸收大气和海洋中的碳约 49.92 万吨，相当于减排二氧化碳 183.04 万吨，按照林业使用碳计量标准计算，现有鱼礁每年对减少大气二氧化碳的贡献相当于造林 20.8 万公顷。2017年 9 月 15 日至 16 日，为推动山东省海洋生态文明建设，促进省级顶层设计与地方实践有机结合，以"陆海统筹，河湾共治"为主题的山东省海洋生态文明建设专家行青岛行成功举行[257]，此次专家行活动邀请了高层专家针对青岛市海洋生态文明重点项目建设情况，结合当地具体政策、区位优势及市场前景进行调研、分析，对青岛市海洋生态文明建设提出建设性意见与解决方案。专家们认为，青岛市在全国率先推出"湾长制"，显示出青岛在海洋生态文明建设方面的前瞻性，希望将其打造成可复制可推广的"青岛模式"。

2018 年 3 月 21 日，山东省海洋与渔业厅印发了《山东省海洋牧场示范创建三年计划（2018—2020 年）》的通知，其重点建设任务是规范牧场建设，分类推进五类牧场（投

礁型、游钓型、底播型、田园型、装备型）协同发展；注重生态改善，坚持海洋牧场融合发展；全省统一布局，有序实施渔业资源增殖放流；推进休闲海钓示范基地创建，引导新型产业发展；提升海洋牧场产品质量，打造绿色安全水产品基地[258]。

3.4.5　江苏省

江苏位于我国东部沿海中心地带，海岸线长 954 千米，海域面积 3.75 万平方千米，海洋资源丰富，海洋管理体系健全，海洋事业发展前景广阔。近年来，江苏省在加快推进沿海开发的同时，始终高度重视海洋生态环境保护工作，突出陆海统筹，强化环境监管，推进生态建设，努力促进海洋经济协调可持续发展，取得了显著成效。江苏省先后颁布实施了《江苏省海洋环境保护条例》《江苏省海域使用管理条例》和《江苏省国有渔业水域占用补偿暂行办法》3 部地方性法律规章，编制了《江苏省海洋环境保护与生态建设规划》《近岸海域水污染防治规划》《长三角近海海洋生态建设行动计划》《江苏省渔业资源增殖放流五年规划》《江苏省海洋生态补偿标准（草案）》和《滨海湿地生态系统保护与修复方案》等[259]。

2012 年 10 月，《江苏省海洋功能区划（2011—2020 年）》获得国务院正式批复，成为江苏省海洋管理的重要依据。根据这份区划，江苏省海洋与渔业局划定了 2020 年要实现的 6 个目标：①大力提升管海水平；②初步修复受损海洋生态；③维持渔业用海基本稳定，加强养护水生生物资源；④合理控制围填海规模；⑤保留海域后备空间资源；⑥整治恢复海域海岸带功能等。这 6 大目标中，绝大多数涉及海洋生态的保护。

2013 年 8 月，江苏省颁布《江苏省生态红线区域保护规划》。该规划明确了海域生态红线区域总面积为 1 263.91 平方千米，对其进行分级管控，其中，一级管控区面积为 58.13 平方千米，二级管控区面积为 1 205.78 平方千米，国家级海洋特别保护区划入生态红线区域。

2015 年 7 月，江苏省林业局印发《江苏省生态保护与建设规划（2014—2020 年）》。该规划的主要任务之一即保护和修复海洋生态系统，其中包括修复海洋生态环境，保护海洋渔业资源和构建海洋生态监测预警体系等。2017 年，江苏省还印发了《江苏省海域动态监管"十三五"发展规划》，部署的任务要求深化海域使用监视监测、加强海域空间资源监测、开展生态用海监测示范、完善海域动态监控网、建立海洋综合管控平台、创建围填海项目智能监管新模式、构建大数据辅助决策支持系统、创新信息产品制作体系、构建信息安全保障体系、完善管理制度与标准规范，成了全国第一个就海域动态监管编制"十三五"发展规划的省份。

根据 2016 年 6 月 24 日江苏省颁布的《中共江苏省委江苏省人民政府关于新一轮支持沿海发展的若干意见》，"十三五"时期（2016—2020 年）江苏省在生态用海领域将从以下几方面着手。

①推进沿海重点地区开展国家生态文明先行示范区和国家海洋生态文明示范区建设。

②加强海洋开发区域的海洋地质调查工作，对重点滩涂围垦区域、港口、湿地等开展长期有效的海洋环境监测。

③按照新发展理念和生态优先原则，优化调整滩涂开发利用规划和推进计划，在国家海洋部门依法审核批准的前提下，稳步推进滩涂开发重点工程，努力拓展发展空间。

④加强对滩涂围垦开发的前期研究与科学论证工作，加大生态保护投入力度，强化对海洋生物多样性、生态湿地及候鸟迁徙地的保护，建立候鸟生态保护区。

⑤坚持依法用海、生态管海，促进海洋资源集约节约利用，项目用海严格执行海洋主体功能区规划、海洋功能区划和生态红线要求，优先保障国家和省重大基础设施、战略性新兴产业、重大绿色环保低碳产业、循环经济产业、重大民生工程用海需求。

⑥加强海域综合管理，合理分配海域使用金，加大岸线资源保护力度。

2017 年 3 月开始，为深入贯彻落实海洋生态文明建设总体要求，严厉打击重大海洋环保违法行为，保护江苏海洋生态资源环境，江苏省海监开展了"碧海 2017"专项执法行动。该行动以查处海洋环境违法大案、要案为重点，强化海洋工程建设项目、海洋倾废、海洋保护区、海沙开采和重点排污等领域日常监督检查，依法查处重大海洋环境违法行为，专项执法行动从 3 月下旬开始，至 11 月底结束[260]。

4 月 12 日，江苏省海洋与渔业局召开《江苏省海洋生态红线保护规划》颁布实施新闻发布会，强调了《江苏省海洋生态红线保护规划》的实施要认真贯彻党中央、国务院关于生态文明建设的决策部署，牢固树立绿色发展理念，以维护和改善区域重要生态功能为重点，以保障生态安全、促进人海和谐为目标，将江苏省重要海洋生态功能区、敏感区和脆弱区划定为海洋生态红线区域，并分类制定管控措施，从而有效推进海洋生态文明建设，为建设"经济强、百姓富、环境美、社会文明程度高"的新江苏做出积极贡献[261]。为贯彻落实海洋强国战略，全面推动江苏省海洋事业发展，江苏省发展和改革委、江苏省海洋与渔业局共同编制了《江苏省"十三五"海洋事业发展规划》[262]，该发展规划第五章海洋生态文明建设中提出要贯彻落实《江苏省海洋生态红线保护规划（2016—2020 年）》，坚持陆海联动防治污染，积极开展海洋生态综合治理，全面提升海洋生态环境保护与修复、海洋资源保护与利用能力，有效保持全省海洋生态环境质量保持稳定。

2017 年 10 月 13 日，《江苏省沿海蓝碳保护行动计划（2017—2020 年）》通过了专家评审会，"行动计划"的出台对推进江苏省海洋生态文明建设具有重要意义[263]。

2018 年 4 月 7 日，江苏省海洋与渔业厅印发了《2018 年江苏省海域和海岛动态监视监测工作要点》的通知，明确重点工作为：落实《围填海管控办法》要求，完善海域动态监测机制；加强海域使用事中事后监测，为科学管海提供决策依据；开展岸线保护与利用监测，掌握海域海岛开发利用情况；加强队伍能力素质培养，提升服务保障水平；推进海洋综合管控系统应用，初步建立海洋管理"一张网"；深化决策支撑服务水平，提升海域监测产品质量[264]。

3.4.6　上海市

1 万平方千米的海域是上海未来发展的重要战略空间和重要战略资源，健康的海洋生态系统是保障上海可持续发展的基础。2015 年 10 月 12 日，上海市海洋局和上海

市发展改革委联合发布了《关于上海加快发展海洋事业的行动方案 (2015—2020 年)》。该方案明确指出要切实保护海洋生态环境，加强入海污染控制，开展海洋生态修复，加强海洋环境监测与应急处置，建立海洋生态红线制度[265]。

2016 年 8 月 31 日，《上海市海洋生态文明示范区建设规划》通过了专家评审。该规划坚持以问题为导向，准确把握上海城市发展定位和海洋生态文明内涵，通过深入研究上海市海洋生态文明建设难点，提出了"健康长江口、美丽杭州湾、魅力大都市"的总体目标，设置了"一带、五圈"的海洋生态文明示范区建设布局。从优化上海市海洋开发空间、改善海洋环境质量、构建海洋生态文明制度、树立海洋生态文明意识等方面，规划了上海市近期和远期海洋生态文明建设任务和重点支撑工程[266]。

2016 年 12 月 16 日，上海市政府印发了《崇明世界级生态岛发展"十三五"规划》的通知来推动崇明生态岛建设。崇明位于长江入海口，是世界上最大的河口冲积岛和中国第三大岛，占上海陆域面积的近五分之一，是上海重要的生态屏障，对于"长三角"、长江流域乃至全国的生态环境和生态安全都具有非常重要的意义。该规划的主要指标包括到 2020 年，形成现代化生态岛基本框架：生态环境建设取得显著成效，水体、植被、土壤、大气等生态环境要素品质不断提升，森林覆盖率达到 30%，自然湿地保有率达到 43%，地表水环境功能区达标率力争达到 95% 左右，城镇污水处理率达到 95%，农村生活污水处理率达到 100%；生态人居更加和谐，常住人口规模控制在 70 万人左右，建设用地总量负增长，基础设施更加完善，基本公共服务水平明显提高；生态发展水平明显提升，生态环境与农业、旅游、商贸、体育、文化、健康等产业融合发展，绿色食品认证率达到 90%，居民人均可支配收入比 2010 年翻一番以上[267]。

2016 年 12 月 23 日，上海市市委常委会审议并通过《关于加快推进上海市生态文明建设实施方案》。该方案提出要以提高居民环境改善感受度、切实保护居民身体健康为根本出发点和落脚点，以健全生态文明制度体系为重点，优化城乡空间开发格局，全面促进能源资源节约利用，加大自然生态系统和环境保护力度，把生态文明建设放在更加突出的战略位置[268]。

3.4.7　浙江省

浙江省位于长江三角洲南翼、东南沿海中部，涉海产业基础较好，其海洋资源丰富，海域面积广阔，海岸线长度和海岛数量均居全国首位。2012 年 10 月，为合理配置海域资源，优化海洋开发空间布局，实现规划用海、集约用海、生态用海、科技用海、依法用海，浙江省贯彻实施了《浙江省海洋功能区划（2011—2020 年）》，完成了市县级海洋功能区划编制前期研究。根据该区划，到 2020 年，全省建设用围填海规模控制在 5.06 万公顷以内，海水养殖功能区面积不少于 10 万公顷，海洋保护区面积达到管辖海域面积的 11% 以上，保留区面积比例不低于 10%，大陆自然岸线保有率不低于 35%，整治修复海岸线长度不少于 300 千米；围填海等改变海域自然属性的用海活动得到合理控制，渔业生产生活和现代化渔业发展得到保障，主要污染物排海总量得到初步控制，海洋生态环境质量明显改善，海洋可持续发展能力显著增强[269]。

2013 年 3 月 1 日，浙江省开始实施《浙江省海域使用管理条例》。同年 8 月，浙江省政府印发《浙江省主体功能区规划》。该规划提出到 2020 年浙江将基本形成"三带四区两屏"的全省国土空间开发总体格局：环杭州湾、温台沿海和金衢丽高速公路沿线三大产业带进一步提升，成为全省新型工业化的主体区域；"两屏"之一的浙东近海海域蓝色屏障和重点生态功能区建设成效明显，生态安全得到有效保障。此外，该规划将坚持陆海联动作为总体开发原则之一，要求注重海洋与陆域互动，把海洋资源与陆域资源有机结合起来，促进陆地国土空间与海洋国土空间协调开发，实现海陆产业联动发展、基础设施联动建设、资源要素联动配置。以保护海洋自然生态为前提，严格控制污染物入海总量，控制围填海造地规模，统筹海岛保护、开发与建设[270]。

2016 年 11 月 14 日，浙江省政府颁布了《浙江省生态环境保护"十三五"规划》，规划中提到要加快蓝色屏障建设，加强海洋蓝色屏障建设，严格控制海洋开发活动，扩大海洋保护区面积，加大自然岸线保护力度，到 2020 年，全省大陆自然岸线保有率不低于 35%；要强化环境监测能力建设和质量管理，基本建成与生态文明建设要求相适应的陆海统筹、天地一体、上下协同、信息共享的生态环境监测网络，及时完成监测信息全国和区域联网任务[271]。

2017年1月24日，浙江省海洋与渔业局发布《关于进一步加强海洋综合管理推进海洋生态文明建设的意见》，其主要内容是高度重视海洋综合管理工作、提高海洋资源集约节约利用水平、加强海洋生态环境综合治理、着力补齐海洋科技创新短板、推进海洋执法体制改革与能力建设、强化区（规）划与配套制度建设以及加强工作保障，为浙江省全面推进海洋生态建设奠定重要基础[272]。3月，浙江省海洋与渔业局、浙江省发改委联合印发《浙江省围填海计划差别化管理暂行办法》，于2017年3月29日开始实施围填海计划差别化管理。该办法主要包括管理原则、计划编制和安排、计划差别管理、计划追加和核减4个部分。其中计划差别管理是指将计划指标分配与上一年度重点工作任务完成情况挂钩，细化了扣减或取消年度计划指标的7种类型。同时，结合海洋生态文明建设的要求，对生态建设示范区创建情况好、自然岸线保有状态佳、海洋空间资源整治修复任务重等地区进行指标分配倾斜[273]。7月10日，浙江省海洋与渔业局联合浙江渔场修复振兴暨"一打三整治"协调小组办公室印发《关于在全省沿海实施滩长制的若干意见》。该意见要求在浙江全省沿海全面实施"滩长制"，建立责任明确、监管严格、协调有序、措施有力的海滩管理保护机制，为打造美丽整洁的生态海滩、实现海滩资源可持续利用提供制度保障[274]。浙江坚持以"八八战略"为总纲，牢固树立"生态优先、绿色发展"理念，深入贯彻国家海洋局的各项决策部署，切实加强海洋综合管理和生态文明建设，全力开启"两山"理论海上新实践[275]。

3.4.8 福建省

福建海域面积13.6万平方千米，海岸线3 000多千米，长度居中国第二位，深水岸线居中国首位，正对台湾海峡，发展海洋经济具有优势，全面实施"海洋强省"战略，积极探索"耕海牧渔"的传统方式向"经略海洋"的现代方式转变。福建近年来坚持"碧海银滩就是金山银山"和"生态用海"的海洋发展理念，通过培育新兴产业、重大项目引领、重视生态环境修复等举措，初步实现海洋开发与生态保护双赢[276]。

福建省率先在全国开展排污口监测，有效监控陆源污染物入海和重点海域环境变化。同时，开展海漂垃圾、重点景观海滩整治等行动，在泉州湾、八尺门等海域进行截流治污、种植红树林、人工鱼礁等生态修复。2011 年，福建省环保厅、省海洋与渔业厅签署协议，推动沿海市、县海洋和环保部门建立相应合作协调机制，推行海陆环保一体化，对违法行为分工开展调查处理和整治。在一系列机制的作用下，2011 年，福建省近岸海域污染面积比 2005 年下降 37.5%，海洋环境质量水平明显提高。2012 年起，福建省在全国率先实行沿海设区市海洋环保责任目标考核制度，下达了《沿海设区市海洋环保责任目标（2011—2015 年）》，对沿海海洋环境质量目标、海洋污染控制目标、海洋生态保护目标、海洋环境监管能力等，进行指标性评分考核[277]。

2014 年 3 月 10 日，国务院为支持福建省深入实施生态省战略，加快生态文明先行示范区建设，增强引领示范效应，发布了《国务院关于支持福建省深入实施生态省战略加快生态文明先行示范区建设的若干意见》的通知，在海洋领域提出了几点意见：坚持陆海统筹，合理开发利用岸线、海域、海岛等资源，保护海洋生态环境，支持海峡蓝色经济试验区建设；加强生态保护和修复，划定生态保护红线；推动远洋渔业发展，推广生态养殖，建设一批海洋牧场；加强海洋环境监控，严格海洋倾废、船舶排污监管；加强台湾海峡海洋环境监测，推进海洋环境及重大灾害监测数据资源共享；完善海洋生态补偿机制等[278]。同年 12 月 17 日，福建省海洋开发管理领导小组办公室印发《福建省海洋生态红线划定工作方案》，根据该方案，到 2015 年，基本完成福建省管辖海域的海洋生态保护红线划定，并对各类各级海洋生态红线区制定相应的管控措施，保护福建省的海洋生态底线，使重要海洋生态功能区、敏感海洋生态系统、重要海洋物种及其繁衍地、栖息地得到有效保护，使海域的生态安全得到有力保障[279]。

2016 年 7 月 28 日，福建省改革与发展委员会和福建省海洋与渔业厅联合公布了《福建省海岸带保护与利用规划（2016—2020 年）》，其发展目标是到 2020 年，基本形成湾区功能互补、各具特色、有控有保的海岸带协调发展格局，为生态保护与建设、自然资源有序开发和产业合理布局提供重要支撑。该规划是指导福建海岸带地区当前和今后一段时期资源开发、生态保护、港口建设、产业发展、城镇布局的纲领性文件，是福建省各部门和海岸带各地区编制相关规划、进行项目布局、建设美丽家园的重要依据[280]。2016 年 8 月 22 日，中共中央办公厅、国务院办公厅印发了《国家生态文明试验区（福建）实施方案》，要求福建省完善海洋环境治理机制，建立流域污染治理与河口及海岸带污染防治的海陆联动机制，强化对主要入海河流污染物和重点排污口的监视监测，推进涉海部门之间监测数据共享、定期通报、联合执法。2016 年以来，福建省还探索编制《福建省滨海沙滩资源保护规划（2016—2025 年）》《福建省近岸海域海漂垃圾治理工作方案》《关于贯彻落实〈福建省水污染防治行动计划工作方案〉的实施意见》和《福建省海洋生态文明建设行动计划》等相关政策文件，并将海洋环保责任考核纳入全省年度党政领导生态环境保护目标责任书中，进一步推动了海洋环保责任目标考核的落实，也大力推进了福建省海洋生态文明建设的进程。

2017 年 7 月 12 日，为进一步加强滨海湿地保护和管理，维护滨海湿地生物多样性及生态系统完整性，有力推动海洋生态文明建设，实现海洋经济可持续发展，福建省海洋与渔业厅发布了《关于加强滨海湿地保护管理的实施意见》。该意见坚持科学规划、保护优先、突出重点、合理利用、可持续发展的原则，实行对滨海湿地的总量控制、目录管理和分级分类保护[281]。2017 年 9 月 30 日，《福建省海岸带保护与利用管理条例》经福建省第十二届人民代表大会常务委员会第三十一次会议通过，自 2018 年 1 月 1 日起施行。该条例的总体目标是到 2020 年，全省大陆自然岸线保有率不低于 37%；基本建成海岸带综合管理统一领导、协调、指导和监督机制，约束和激励并举的海岸带保护与利用管理体系，系统、完整的海岸带生态文明制度体系，以及科学、适度、有序的海岸带保护与利用空间布局体系，实现海岸带分区分类保护、利用和管控；全面实施自然化、绿植化、生态化的海岸带利用方式，有效推进海洋经济绿色发展，区域综合实力大幅提高；基本形成节约海岸带资源和保护海岸带环境的空间格局、产业结构、生产方式和生活方式，实现"水清、岸绿、滩净、湾美、岛丽、物丰、人悦"的海洋生态建设目标；海岸带可持续发展能力不断提升，达到海岸带经济效益、社会效益与生态效益相统一^[282]。

2018 年 3 月 30 日，福建省海洋与渔业厅与中国海洋发展基金会共同筹建中国海洋发展基金会海峡资源保护与开发专项基金，重点围绕福建省海洋方针政策，开展有益于福建省海洋经济发展、海洋生态保护以及海洋可持续发展的活动，为海洋特色产业园、海洋生态公园、海洋工程中心、人才引进和培养、海洋重大问题研究以及海洋权益维护等方面的工作提供有效的社会资金支持和服务^[283]。专项基金是福建省海洋与渔业厅推动海洋生态文明建设的又一项重要举措，通过成立中国海洋发展基金会海峡资源保护与开发专项基金，积极实施以保护与开发为目的的海洋生态环境整治、滨海湿地修复、增殖放流、海洋资源开发研究、海洋经济发展等相关项目，将加强台湾海峡区域海洋资源保护与利用，有利于两岸经济社会健康发展，有利于加强两岸交流与联系。

3.4.9　广东省

广东海域辽阔，海岸线长，滩涂广布，大陆架宽广，港湾优越，岛屿众多，海岸线长 4 114 千米，有海岛 1 431 个，其中海岛面积在 500 平方米以上的有 759 个。广东面向南海，毗邻港澳，是我国大陆与东南亚、中东以及大洋洲、非洲、欧洲各国海上航线最近的地区，是我国参与经济全球化的主体区域和对外开放的重要窗口，也是我国推进海洋强国建设的主力省。作为我国海洋事业当之无愧的"领头羊"，广东省除了在海洋经济领域领跑全国，在海洋生态文明建设方面也可圈可点。

2013 年，广东省编制完成了《海洋生态保护实施方案》，提出了"建立海洋环境保护责任考核制度、海洋生态补偿机制、海洋环境保护联动机制、海洋环境保护经费多渠道投入机制"4 项机制创新，要把广东打造成为全国海洋生态文明建设的示范区。这标志着广东省已初步建立了海洋环境保护体系，为实现海洋环境质量逐步改善、海洋资源高效利用、开发保护空间合理布局、开发方式切实转变的目标提供了有力保障^[284]。

2014 年，广东省开始着手编制《广东省美丽海湾建设规划》，计划每个沿海地级市都将有示范试点，率先在全国实施"美丽海湾"建设^[285]。2015 年，广东省启动美丽海湾试点工程，通过竞争方式确定在汕头南澳青澳湾、惠州考洲洋和茂名水东湾开展省级"美丽海湾"建设试点，推动各地开展港湾整治和生态修复，同时建设一批亲水平台、海洋观光体验园及红树林公园和海岸景观带。2016 年，广东省将打造"美丽海湾"生态示范工程作为"十三五"时期海洋渔业工作的六大工程之一，争取把美丽海湾建设上升为国家战略，继续推进建设美丽海湾、海洋生态文明示范区、生态岛礁和美丽海岸[286]。

2016 年 11 月，为大力推动海洋生态文明建设和人海和谐的局面，广东省人民政府公布了《广东省海洋生态文明建设行动计划（2016—2020）》。该计划明确了 10 个大项共 32 个小项主要任务，包括强化规划引导和约束、实施总量控制和红线管控、深化海洋资源科学配置和管理、严格海洋环境监管与污染防治、加强海洋生物多样性保护与修复、加强海洋生态保护与修复、强化海洋监督与执法、实行绩效考核和责任追究、提升海洋科技创新与支撑能力、推进海洋生态文明建设领域人才队伍建设、强化宣传教育与公众参与等方面的内容[287]。

2017 年 9 月 29 日，广东省政府批复了《广东省海洋生态红线》并正式印发，划定了 13 类、268 个海洋生态红线区，确定了广东省大陆自然岸线保有率、海岛自然岸线保有率、近岸海域水质优良（一类、二类海水水质）比例等控制指标，是广东省海洋生态安全的基本保障和底线，必须严守，不得突破。其管控思路包括：从严控制红线区开发利用活动；深入推进红线区生态保护与整治修复；切实强化红线区及周边区域污染联防联治[288]。

2018 年 4 月 10 日，广东省在广州召开全省海洋生态文明建设工作会议，明确了全省海洋生态文明建设总体工作目标为：全面落实海洋生态红线管控要求，确保到 2020 年近岸海域生态环境保护和资源节约利用取得重大进展；全省近岸海域优良水质比例达到 85% 以上，大陆自然岸线保有率达到 35% 以上，海岛自然岸线保有率达到 85% 以上，海洋生态红线区面积不低于 28.07%；全省海洋生态文明制度体系基本完善，海洋管理保障能力显著提升，入海污染物排放总量大幅减少、海洋生态环境质量总体改善，努力实现海洋生态文明建设和海洋经济发展走在全国前列[289]。

3.4.10　广西壮族自治区

广西沿海区域位于我国南端，面向东南亚，背靠大西南，是中国大西南地区的交汇地带和最便捷的出海通道，是环北部湾经济区的前沿地带，地理位置独特。沿海有海岸线 1 595 千米，浅海面积 6 488 平方千米，滩涂面积 1 005 平方千米，港口资源、海洋生物资源、滨海旅游资源丰富。

为完善海域使用管理制度，统筹海洋事务发展，广西壮族自治区海洋局于 2011 年先后制定出台《广西壮族自治区海洋局海域使用审查报批会审制度》《广西壮族自治区海洋局关于加强填海项目竣工海域使用验收及后续管理工作的意见》《广西海域使用权出租转让抵押管理办法》《关于办理自治区级海域使用权抵押登记所需材料的通知》《广西海域使用数据库更新管理办法》《广西壮族自治区用海用岛项目审批后监管工作规定（试行）》等规范性文件，并编制完成了《广西海洋事业发展规划纲要（2011—2015 年）》和《广西壮族自治区海洋功能区划（2011—2020 年）》。

近年来，广西海洋事业迎来了大发展的机遇，同时海洋开发利用与环境保护面临的新挑战也不断涌现。广西海洋综合管理部门坚持科学用海，依法管海，全力推进广西海洋生态文明建设。2014 年初，广西首部海洋地方法规《广西海洋环境保护条例》正式施行。该条例的出台是近年来广西高度重视生态环境保护立法工作所取得的重要成果，体现了广西贯彻落实党的十八届三中全会关于建设生态文明必须建立系统完整的生态文明制度体系，用制度保护生态环境的精神，标志着广西海洋环境保护工作进入了新阶段[290]。

2016 年 12 月，广西壮族自治区政府印发《广西生态保护红线管理办法》（以下简称《办法》），加强生态保护红线管理，保障区域生态安全，推进生态文明建设[291]。《办法》指出，海洋行政主管部门负责承担海洋生态保护红线划定，制定海洋生态保护红线制度，组织开展生态保护红线区内的海洋生态环境监测和保护，指导海洋自然保护区、海洋特别保护区、海洋公园等类型海洋保护区对外来生物的监督管理。《办法》强化了责任追究制度，要求开展领导干部自然资源资产离任审计，建立生态环境损害责任终身追究制，对生态保护红线区监管工作不力、失职、渎职造成严重后果和影响的，按照党政领导干部生态环境损害责任追究有关规定，严肃追究相关责任人的责任。

2017 年 9 月 7 日，广西壮族自治区海洋和渔业厅正式揭牌成立。广西通过优化整合国土和农业部门资源成立海洋和渔业厅，旨在解决海域多头管理、资源分散、力量薄弱等突出问题，并将强化海洋经济、海洋生态、中国 – 东盟海洋合作等方面的职责。广西海洋和渔业厅负责对海洋事务和海洋经济发展进行统一谋划、统一管理、综合决策，不断推动广西海洋事业迈上新台阶[292]。2017 年 8 月 30 日，自治区海洋和渔业厅和自治区环境保护厅联合印发了《广西壮族自治区海洋环境保护规划（2016—2025 年）》，该规划范围涵盖广西辖区海域及入海江河流域地区，其管理目标是推进海洋生态文明制度体系建设，海洋管理保障能力显著提高；规范海域开发管理，海域海岛资源实现节约集约利用；增强海洋环境监测、预警、综合执法能力建设，海洋环境灾害防范、海洋环境执法水平得到较大提升[293]。

2018 年 1 月 24 日，广西壮族自治区公布了《广西壮族自治区山口红树林生态自然保护区和北仑河口国家级自然保护区管理办法》，自 2018 年 3 月 1 日起施行，规定自治区海洋和渔业主管部门设立的保护区管理机构具体负责保护区的保护管理工作，其主要职责是：贯彻执行国家有关保护区的法律、法规和方针、政策；制定保护区的各项管理制度，统一管理保护区；调查自然资源并建立档案，组织环境监测，保护保护区内的自然环境和自然资源；组织或者协助有关部门开展保护区的科学研究工作；进行保护区的宣传教育；在不影响保护保护区的自然环境和自然资源的前提下，组织开展参观、旅游等活动[294]。

3.4.11 海南省

海南全省陆地（主要包括海南岛和西沙、中沙、南沙群岛）总面积 3.54 万平方千米，海域面积约 200 万平方千米。海南省北以琼州海峡与广东省划界，西临北部湾与广西壮族自治区和越南相对，东濒南海与台湾地区对望，东南和南边在南海中与菲律宾、文莱和马来西亚为邻。海南岛是仅次于台湾岛的中国第二大岛，海南省是中国国土面积（含海域）第一大省。

2012 年，海南省开始从严控制填海造地规模，其建设项目填海造地规模指标由海南省海洋行政主管部门统一安排使用，各市县成片填海造地项目，除获得海南省海洋行政主管部门的审批外，还要经过海南省政府会议专题研究，并规定各市县政府要树立集约用海的观念，明确市场需求，对海南省填海项目实行集约化使用[295]。为进一步规范海岸带管理，有效使用海岸带资源，海南省人民政府于 2015 年印发《关于暂停审批海岸带控制范围内建设项目的通知》，在《海南省总体规划》颁布实施之前，在海岸带控制范围内，重大基础设施和重要公益性项目，根据"一事一议"原则，科学论证，按程序审批；暂停其他经营性新建、扩建、改建项目的审批[296]。

2013 年，海南省海洋与渔业厅配合海南省人大出台了《海南经济特区海岸带保护与开发管理规定》和《海南省海岛保护规划（2011—2020 年）》，重点做好《海南省实施〈中华人民共和国渔业法〉办法》《海南省水产苗种管理办法》《海南省海洋与渔业厅招标拍卖挂牌出让海域使用权暂行规定》《海南省无居民海岛使用申请审批试行办法》和《海南省无居民海岛使用金征收使用管理办法》的修订和立法工作，在加强海洋立法建设的同时大力提升了海域海岛管理成效[297]。同年 5 月 1 日，《海南经济特区海岸带保护与开发管理规定》开始施行。该文件首度从法律制度层面改变 10 余个涉海部门"混治"海岸带的局面，同时对海岸带开发强度做了明确规定，严格控制填海造地，保护生态敏感区。

2014 年，为加大珊瑚礁、红树林等生态系统保护力度，海南省拟 10 年投入 4 000 万元用于珊瑚礁、红树林、海草床等重要生态系统的恢复与保护工作。其间，海南省将投巨资设立海南珊瑚礁生态修复基地，在三亚珊瑚礁国家级自然保护区、文昌、琼海、陵水等东南部沿岸开展珊瑚礁移植修复示范工作，修复海南岛东南部沿岸珊瑚礁，并将在三亚珊瑚礁国家级自然保护区建设监控体系，包括监控点、监控平台、地理信息系统等，实现对区内珊瑚礁生态的有效管护。同时，海南省将进一步加强对红树林的保护和人工恢复工作，对退化严重的红树林生态系统实施生态恢复工程，研究红树林生态系统生态恢复和重建技术，遏制红树林退化趋势[298]。

2015 年 9 月，海南省公布了《海南省总体规划（2015—2030 年）》，根据海南省"一点两区三地"[299] 的战略定位，结合海南岛屿省特征、生态环境承载能力和现状发展基础，按照"严守生态底线、优化经济布局、促进陆海统筹"的空间发展思路，统一筹划海南本岛和南海海域两大系统的环境保护、资源利用、设施保障、功能布局、经济发展，在构建海南省生态安全格局，保护好海南绿水青山、碧海蓝天的基础上，调整优化全省开发建设空间，合理配置资源，促进海南全面健康可持续发展。

2016 年 7 月，为了加强生态保护红线管理，保障海南省生态安全和生态环境质量，促进经济社会可持续发展，海南省通过了《海南省生态保护红线管理规定》，划定近岸海域生态保护红线总面积 8 316.6 平方千米，占海南岛近岸海域总面积的 35.1%。2016 年 11 月 30 日，为了加强海洋生物资源与生态环境保护，助推海南省海洋经济发展和国际旅游岛建设，海南省立法通过了《海南省珊瑚礁和砗磲保护规定》，严厉打击危害海洋生态行为，于 2017 年 1 月 1 日开始实行[300]。2016 年 12 月，海南省编制并通过了《海南省海洋生态环境在线监测系统建设发展规划（2016—2020 年）》，为加快推进生态文明建设提供了有力保障。

2017 年 9 月 22 日，海南省委七届二次全会审议并通过《中共海南省委关于进一步加强生态文明建设谱写美丽中国海南篇章的决定》（以下简称《决定》）。在严格保护海洋生态环境上，《决定》要求要加强海洋环境治理、海域海岛综合整治、生态保护修复；强化陆海污染同防同治，建立健全陆海统筹的生态系统保护修复和污染防治区域联动机制；推行减船转产和近海捕捞限额管理；科学规划、严格控制、规范管理滩涂和近海养殖，划定禁养区、限养区和适养区，在生态敏感区和滨海旅游区逐步实施退塘还林、退塘还湿、退塘还海；全面推行"湾长制"，建立海湾管理保护责任体系；实施蓝色海湾整治行动；推进绿色航运发展，严格控制港口和船舶污染。该《决定》还强调，海南省将强化用海管理和海岸带保护，坚持依法用海、规划用海、集约用海、生态用海、科技用海，实施严格的围填海总量控制制度和规范审批程序，除国家和省重大基础设施建设、重大民生项目和重点海域生态修复治理项目外，严禁围填海[301]。

2018 年 4 月 14 日，《中共中央国务院关于支持海南全面深化改革开放的指导意见》正式对外发布，提出了加快生态文明体制改革，将"国家生态文明试验区"列为海南新的四大战略定位之一，并将"坚持统筹陆地和海洋保护发展"作为基本原则，制定实施海南省海洋主体功能区规划，完成生态保护红线、永久基本农田、城镇开发边界和海洋生物资源保护线、围填海控制线划定工作，严格自然生态空间用途管制，严格保护海洋生态环境，更加重视以海定陆，加快建立重点海域入海污染物总量控制制度，制定实施海岸带保护与利用综合规划[302]。该指导意见的颁布为海南省海洋生态文明建设体系的构建和完善奠定了牢固基础，将为推进全国生态文明建设探索新经验。

第 4 章
晋江市围头湾区域建设用海规划理念与实践

4.1 规划背景和条件

4.1.1 规划背景

晋江地处福建省东南沿海，东临台湾海峡，与金门、台湾地区隔海相望，集闽南金三角经济开放区、全国著名侨乡、台湾同胞主要祖籍地于一体，具有优越的区位交通和滨海生态环境优势。作为海峡西岸经济区的重要组成部分，晋江市迎来了海西经济区规划获批、厦漳泉区域一体化、对台合作深化等发展机遇，具备国家政策支持的战略优势。

4.1.1.1 海西经济区的建设推动

随着海峡两岸在各个方面的交流与合作不断深化、加强，福建省的特殊地位得以凸显，以福建省为主体的海峡西岸经济区建设逐步展开。按照海峡西岸经济区建设的基本态势，要发挥区域优势，拓展发展空间，通过南北两翼的延伸，推动海峡西岸经济区与"长三角""珠三角"的对接，提升东南沿海整体发展水平和综合经济实力。晋江市作为闽东南城镇密集区的重要组成部分，海峡西岸的现代化工贸、港口、旅游城市，在全面对接台湾地区产业转移和经贸文化合作方面，面临着更高层次、跨越式发展的历史机遇。

2009 年 5 月，国务院通过《关于支持福建省加快建设海峡西岸经济区的若干意见》，表明海西建设从区域战略上升为国家战略。2010 年 3 月 5 日，国务院总理温家宝在政府工作报告中提出"支持海峡西岸经济区在两岸交流合作中发挥先行先试作用"。2010 年 6 月 29 日，海峡两岸关系协会与财团法人海峡交流基金会签署了《海峡两岸经济合作框架协议》（简称 ECFA），ECFA 的签署，不仅为两岸经济关系正常化和自由化提供了机制性保障，对开创两岸经济大交流、大合作、大发展的新格局和两岸关系和平发展奠定了坚实的基础，也为实现两岸经济关系的正常化、机制化和制度化提供了重要平台。2011 年 4 月，国务院正式批准《海峡西岸经济区发展规划》，规划以海峡两岸合作为着眼点，支持两岸产业深度对接，探索两岸合作新模式，借鉴台湾地区有效的管理经验和方法，积极探索更加开放的合作方式，开展两岸经济、文化及社会等各领域交流合作综合实验，争取率先突破，为两岸交流合作开辟新路、拓展空间、创新机制，此外，规划还明确指出应加快推进海峡西岸经济区建设，将福建省东部沿海定位为临港产业发展区，发挥沿海港口优势，引导产业集聚。

基于上述政策背景，晋江市根据自身优势和特点，出台了"晋江贯彻落实《国务院关于支持福建省加快建设海峡西岸经济区的若干意见》实施意见"，确定将晋江市融入海西建设，定位为打造两岸交流合作前沿平台、海西先行先试试验区、两岸产业对接示范区、海西东出西进重要通道、海西现代化中等城市等。

4.1.1.2　晋江自身发展的需求

晋江市是泉州辖区内的县级市，集闽南金三角经济开放区、全国著名侨乡、台湾同胞主要祖籍地于一体，且与金门县同在围头湾内，地缘优势明显。晋江县域经济基本竞争力列全国百强县（市）第 7 位，9 个镇入选全国千强镇，经济实力连续 16 年保持"福建省十强县（市）"首位。随着晋江市社会经济发展突飞猛进，经济发展总量日益增大，经济发展内在动力不断增强，加上泉州南翼新城和金井小城镇建设的全面开展，晋江市经济发展速度和总量扩张受到空间约束和限制，土地资源日益紧缺，使得向围头湾外填海造地拓展建设用地的需求日益紧迫。

为进一步推动科学用海，规范海洋开发活动和秩序，鼓励和引导投资者从海湾内转向海湾外填海造地，保障加快海西建设需要的土地资源，科学有序做好填海造地工作，2010 年 5 月福建省人民政府出台《福建省人民政府关于科学有序做好填海造地工作的若干意见》（简称《意见》），《意见》鼓励发挥福建省湾外海域自然区位优势，选择对海洋环境影响小、相邻陆域基础设施条件好的区域，优先规划，鼓励投资。按照保护海岸线曲折度和防灾减灾的要求，在规划上采用建设人工岛和在突出部位组团式填海造地，增加人工岸线，并与土地利用、交通发展、城市建设等规划协调衔接，制定湾外填海造地备选区规划。根据福建省人民政府关于合理布局围填海，有序引导围填海由湾内向湾外转移的战略思路，福建省海洋与渔业厅启动了《福建省湾外围填海规划》的研究和编制工作。其中福建省湾外围填海规划备选方案可行性研究"厦门大嶝－围头湾部分"（包含泉州金井、石井以及厦门大嶝3处选址）已提交相关研究报告。根据该研究报告，在结合海域清淤的情况下，"厦门大嶝－围头湾部分"围填海面积控制在57.97平方千米左右，其中晋江市围头湾围填海规模控制在32平方千米左右。晋江市围头湾围填海将极大缓解晋江市城镇建设用地紧张和产业集聚用地不足的矛盾，为晋江市社会经济的可持续发展以及推动海西建设发挥积极作用。

根据《泉州市城市总体规划（2008—2030年）》，未来泉州市域城镇空间结构将形成"一心、两翼、多支点"发展格局。随着城市规划的不断推进，泉州城市建设也从沿江时代逐步走向环湾时代，最终走向面海时代。其中晋江围头湾区域规划为泉州市南翼新城和晋江的次中心，尤其是晋江市围头湾金井镇列入了福建省21个综合试点小城镇规划名单、东石镇列入泉州市小城镇规划名单，表明围头湾区域在泉州市及晋江市的地位和关注度愈来愈高，未来发展前景良好，为晋江市围头湾地区城市发展提供了方向和机遇；同时也对晋江市围头湾在城市规划、产业定位提出了更高要求。

与晋江市社会经济发展突飞猛进相比，晋江市的人才、土地、劳动力等生产要素瓶颈趋紧，发展速度和发展空间矛盾日益显现。晋江市土地总面积72 165公顷，人均土地0.073公顷。耕地面积26 229公顷，占土地总面积的35.4%，人均耕地0.024公顷，低于全省平均水平（0.037公顷/人），仅为全国平均水平的三分之一。晋江的国土面积不大，工业用地价格为760元/米^{2}左右，高于内地6～7倍，一些企业，尤其是劳动力资源密集企业已经没有扩大再生产的发展空间。而随着晋江经济建设的快速发展，对于土地的需求也越来越大，土地供应不足严重地制约了晋江市社会经济和企业的发展。

为把握推进晋江市新一轮发展的重大战略机遇，发挥独特的对台优势和综合优势，加快建设海峡两岸制造业对接示范区，开辟传统产业、装备制造业合作示范区和高科技产业聚集区，推动晋台产业对接互动；改善晋江市发展受土地资源制约的现状，经过多方位的分析论证，晋江市根据《福建省湾外围填海规划》和《泉州市城市总体规划（2008—2030 年）》，启动《晋江围头湾区域建设用海规划（2012—2017 年）》，以期解决人地矛盾突出、社会经济发展后劲不足的问题，推动传统产业结构转型、升级，推进海洋产业聚集，优化产业布局，集中集约节约用海，为今后经济发展和城市发展留足空间和后劲。

《晋江围头湾区域建设用海规划（2012—2017 年）》力争将晋江市打造成为"现代化制造基地、商贸中心、滨海港口城市"，凸显滨江面海的城市形态、中国体育城市的特有品位和"品牌之都"的城市个性。规划实施后将解决晋江市制约社会经济发展的困境，促进产业结构转型升级，提升城市品位，促进两岸合作交流；同时围绕弯曲岸线设置不同功能主体的滨水带，延长人工岸线营造丰富多彩的岸线形式和滨海体验，进行多组团建设，保护自然岸线和无居民海岛特殊生态环境和景观，增加亲水面积，构筑围头湾滨海生态新城。该规划对实现晋江市社会、经济、人口、资源和环境的可持续发展具有重要意义。

4.1.2　自身发展条件分析

晋江全市辖 6 个街道（青阳街道、梅岭街道、西园街道、罗山街道、新塘街道、灵源街道），13 个镇（安海镇、磁灶镇、陈埭镇、东石镇、深沪镇、金井镇、池店镇、内坑镇、龙湖镇、永和镇、英林镇、紫帽镇、西滨镇），共有 92 个社区和 293 个行政村。晋江围头湾区域建设用海规划项目位于晋江南部，南、西侧为海域，北侧为现状围头湾岸线，西起东石镇白沙村岸线，东至金井镇塘东村岸线，岸线全长 19.54 千米。

4.1.2.1　区位特征

晋江围头湾区域建设用海规划区位条件优越。从海峡两岸区位层面来看，晋江规划用海范围地处海西城镇核心圈南圈的几何中心，是衔接海西，对接台湾地区的海峡左岸地带，地理条件优越。海西作为国家区域经济的重要组成部分，已经进入发展的大好时期，晋江市迎来了难得的历史发展机遇；从泉州市域层面来看，地处泉州城两翼

之南的围头湾南湾，周边重镇云集，湾区开发底蕴深厚。泉州市肩负构建海西先进制造业基地，推进闽台经济、文化、科技、教育等领域合作，突出地方特色、发展经济、促进全省经济社会全面繁荣发展的重要任务。

晋江围头湾区域建设用海规划的规划用海范围位于福建省泉州市南部围头湾东岸安海湾口至金井码头附近海域，陆域距石狮、安海等市镇和规划厦门市翔安国际机场等重要对外交通设施的直线距离均为20千米左右，距晋江中心区32千米，距泉州中心区45千米，距厦门岛50千米，距离金门岛仅5海里，具备发展对台交流的先天优势，是泉台联系的桥头堡。其交通条件便捷，周边高等级道路密布，有一级公路英龙路、马埭线、围头支线、疏港连接线；二级公路金东路、草马线；城市快速路西部快速路；城市交通性主干道金深路。规划福建沿海南通道和沿海大通道从滨海新区北侧穿过，是泉州、晋江和厦门的重要联系节点，可便捷联系滨海新区与三镇以及晋江、泉州、厦门及海西其他地区。此外，随着厦门市翔安国际机场交通设施的规划建设，空港交通更为便捷。

4.1.2.2　资源条件

规划区所在海域主要海洋资源有：港口资源、渔业资源、旅游资源、矿产资源和淡水资源等，资源较为丰富。各种海洋资源分布及开发利用现状分述如下。

1）港口资源

围头港为国家一类口岸，为福建省第一座在开敞水域建成的万吨级深水泊位，由围头、石井、水头及安海、东石、菊江5个作业区组成，为泉州市南部和厦门市翔安地区经济发展服务的中小型综合性港区，主要开展集装箱装卸业务，货种主要做内贸。滨海新区位于围头湾港区，具有适宜发展临港产业的优势，应充分考虑与周边区域临港产业的错位协调，以及与围头湾港区现有围头作业区、石井作业区、水头及安海作业区等的衔接。

2）渔业资源

泉州近海渔场面积5 060平方千米，晋江围头角以北属闽中渔场，以南属闽南渔场。

泉州海域有海洋生物多达 627 种以上（不含浮游类），其中鱼类 291 种，蟹类 68 种，头足类 24 种，贝类 128 种，其他类 116 种。具捕捞价值的鱼类有 60 多种，产量较大的有 20 多种。此外还有浮游动物种类共鉴定 316 种，浮游植物种类共鉴定 105 种（不含变种）。泉州湾内水域年均浮游动物总量为 167 毫克 / 米^3，可供养殖的经济水生物有近百种。

3）旅游资源

晋江市历史悠久、文化灿烂、风景名胜古迹众多。石圳 - 围头角海滩，有多处基岩海岸，岩石经海浪长期侵蚀及地壳上升，形成众多海蚀崖、海蚀台、海蚀洞、海蚀穴及蜂窝状岩石等海蚀地貌景观。围头半岛境内多礁石、滩土、沙滩，自然环境优美，海岸线绵长。围头沙滩长 2.5 千米，宽约 100 米，以中细砂为主，洁度较好，适宜开发为海滨浴场。本区具有极好的旅游发展潜力。

4）矿产资源

晋江市境内矿产资源十分丰富，主要有花岗岩、型砂、铁砂、石英砂、高岭土等。其中石英砂、高岭土的储量均在 1 亿吨以上，工艺玻璃砂储量 2 000 万吨左右，花岗岩遍及全市各地，年开采量在 10 万立方米以上。

5）淡水资源

晋江市属亚热带海洋季风气候，多年平均降水量 1 147 毫米，折合年水量 7.448 亿立方米，旱年降水量 500 多毫米。2008 年全市平均降水量 1 441.1 毫米，折合年水量 9.353 亿立方米，比 2007 年降雨量偏多 10.1%，属偏丰水年份。全年降水主要集中在夏季（6—8 月），降水量占全年的 44%，其中 6 月降水多；秋冬两季（10 月至翌年 2 月）降水较少，降水量仅占全年的 16%。

4.1.2.3　经济条件

改革开放以来，晋江经济一直保持着高速增长的发展态势，经济实力名列全国百强县第 7 名，居福建县域首位，逐步走出了一条依靠民营经济和产业集聚形成产业集群，以发展产业集群提升工业化、带动城市化的路子，已形成运动鞋、服装、食品、机械

等产业集群，成为国内具有一定知名度的制造基地。全市已拥有中国名牌产品 24 项、商务部重点培育出口名牌 2 项、中国驰名商标 79 枚，有 7 个品牌入选"中国 500 个最具价值品牌"。

晋江市 2009 年全年实现地区生产总值 775.86 亿元，可比增长 11.9%，超额完成 0.9 个百分点；财政总收入完成 81.53 亿元，增长 13.8%；地方本级财政收入 37.07 亿元，增长 13.2%。全年第一产业增加值 13.1 亿元，增长 4.7%；第二产业增加值 500.91 亿元，增长 12.5%；第三产业增加值 261.86 亿元，增长 11.1%；第一、第二、第三产业比例调整为 1.7 : 64.5 : 33.8。农业结构更趋优化。50 家市级农业龙头企业、示范基地实现产值 59.64 亿元，带动 22 万户农户增收 9.58 亿元。工业经济企稳回升。全年工业总产值 1 724.48 亿元，可比增长 14.1%，完成年计划的 99.2%，其中，规模以上工业产值 1 514.1 亿元，增长 15.4%。

4.1.2.4 制约因素

在人地矛盾上，晋江市三面临海，人多地少，海域广阔，陆域面积 649 平方千米，海域面积 6 345 平方千米，海域面积是陆域面积的近 10 倍。2009 年末，全市土地总面积 74 428.39 公顷，常住人口 161.2 万，人均占地面积约为 0.046 公顷，仅仅只有全省人均土地面积的 16%。但随着经济的发展土地消耗速度惊人，城市土地资源日益紧张。晋江土地利用总体规划中的南部各镇，除了村庄建设用地就是基本农田区，已经没有成片的土地可以进行大型工业集中区开发。同时，晋江市东石镇是小城镇综合改革的试点镇，未来镇域内人口规模与产业的扩大，需要增加产业用地进行支撑。金井镇定位为晋江市的次中心，随着装备制造业和运动休闲业的发展，人口将大量增加，但是目前的城镇生活空间难以满足需求，急需增加城镇生活区用地。晋江市的人地矛盾十分突出，产业发展空间相当紧张，严重制约着海峡西岸经济区建设发展。

在产业结构上，晋江目前的产业集群尚处于若干小企业协同发展的初级阶段向多个中等企业集中的中级阶段转变的粗放发展过程中。由于企业规模小、自身缺乏技术开发能力，技术流程一般是广泛流传、容易获得的一般技术，这导致产品类型有限，生产流程主要依赖模仿。企业的集群协作效率较低，恶性竞争较为严重。生产要素的依赖方面，一般为土地、初级劳动力等不需要额外追加投资的初级生产要素。从产业结构上来看，整体结构不尽合理，传统产业占有较大比重，新兴产业发展缓慢，尤其是信息咨询、中间服务、旅游、文化娱乐等行业所占比重小，其发展潜力没有得到应有的发挥，第三产业发展滞后带来的后果是城市发展的动力不足，城市功能不完善，城市服务设施等支撑体系不健全，影响投资环境的改善；从产业类型上来看，以劳动和资源密集型产业为主，带来一系列的资源浪费、环境污染等问题，给城市环境、生态保护带来较大压力；从产业布局上来看，各级开发区数量多、规模小、分布散，分散的产业布局不利于规模积聚效应的发挥，造成土地资源利用的浪费和基础设施的重复建设。目前，国内市场正从卖方市场向买方市场转化，中国消费水平正在发生结构性变化。这要求传统的制造业企业必须转变传统的大规模、低水平生产模式，从价格优势走向产品优势，从成本缩减走向质量提升，发展的重心转向产品研发和工业设计，实现从规模扩张向技术升级的转型，晋江产业转型升级迫在眉睫。

在城市建设上，晋江初期的城市建设始于一种自下而上、由农村发展工业而推进的、沿马路发展起来的经济集聚，城市建设标准偏低，功能布局不合理，空间结构缺乏向心力，第三产业以生活型服务业为主，中心城区的集聚承载功能与工业化进程很不协调。由于本地城市服务环境不佳，企业往往要以高薪待遇来吸引和留住高级技术人员和高级管理人员，或者到泉州、厦门甚至上海去寻求城市功能服务，城市消费低端化，高端消费外流，这无形中增加了企业的经营成本，对产业转型升级构成较大的制约。此外晋江城市人均GDP与三次产业产值结构已经达到工业化后期的标准，城镇化水平仅为54%，城市建设远远落后于实际城市人口生活需要，中心市区的集聚、辐射、带动能力严重不足，阻碍着工业化水平的提升和第三产业发展，低水平的城市建设已成为晋江全面发展的短板。此外由于各城镇以自发式发展为主，城乡混杂，村庄用地、商住用地、工业用地等相互交织，导致城镇用地布局分散，城镇空间混乱，减缓了中心城市工业化和城市化进程，中心城市极化效应弱，城镇空间格局缺乏向心力。

结合上述晋江经济社会发展的制约因素，推进晋江围头湾区域建设用海规划项目具有迫切的现实需求和必要性。晋江围头湾区域建设用海规划区作为未来晋江发展的战略要地，通过依托地缘优势调整优化产业结构，并通过组团连片发展做大做强中心城区，为完善晋江城市布局发挥关键性的衔接作用。

4.2 规划用海情况及其功能定位

4.2.1 规划用海情况

4.2.1.1 规划用海范围

规划区范围东南起金井镇塘东村（塘东沙咀），西北至东石镇白沙村，西南至2米等深线左右，东北至自然岸线和沿海大通道所包围的潮间带海域。规划范围面积为45.385 7平方千米，其中拟形成陆域面积36.090 6平方千米，保留水域面积为9.295 1平方千米。以无居民海岛内白屿和现有入海河流水系为景观带，形成不同功能分区。规划用海区将占用现状海岸线长度约22.3千米，可形成人工岸线约63.2千米。涉及金井、英林、东石3个镇和金井塘东村、坑口村、金井村、丙洲村，英林嘉排村、三欧村、湖尾村、沪厝垵村、柯坑村、锦江村、埭边村，东石塔头孙村、塔头刘村、光渺村、张厝村、潘山村、潘径村以及白沙村等行政村。规划期限为2012—2017年。

4.2.1.2 规划的设计思路

突出生态优先的理念，坚持生态保护与生态修复相结合。

4.2.1.3 规划方案

区域用海规划总面积为44.6平方千米，规划形成陆域面积33.9平方千米，新形成内湾水域面积10.7平方千米，规划将占用现状岸线22.3千米，形成人工岸线63.2千米，外堤长度约17.9千米，堤顶高程9.2米（理基，下同），防浪墙顶高程9.8米，陆域回填设计标高7.0米。该方案注重优化各区有利条件，均衡发展（图4-1）。

图4-1　规划用海范围及现状示意图

4.2.2 规划功能定位

规划功能主要定位为 ECFA（《海峡两岸经济合作框架协议》）产业对接试验区、海洋公园生态区和晋江次中心城区。

规划区总体用地结构为"一心一轴三区"（图 4-2）。

"一心"即为中部生态核心，以海洋公园为中心联系西部生产区与东部生活区，为规划区提供良好的景观和休闲放松节点。

"一轴"即水域、绿地等开放空间组成的蓝绿景观轴。通过内河道与横向开放绿地串联全区，并结合滨湖景观大道，是贯穿规划区的重要景观与联系的轴线。

"三区"依托区位及环境因素，满足不同的功能要求，由西向东依次为西部滨海综合生产区、中部海洋公园生态区、东部滨海休闲生活区。

4.3 生态用海理念在晋江市围头湾区域建设用海规划的应用与实践

在积极落实生态用海理念上，坚持海洋资源开发与海洋生态环境保护并重、区域统筹规划、社会经济可持续发展的规划思想，保障区域经济发展用海需求，实现区域建设用海的合理布局，确保海域资源科学开发和合理利用，减少海洋环境影响，达到了经济效益、社会效益和生态效益的有机统一。同时，规划抢抓海峡西岸经济区建设和"一带一路"核心区建设的战略机遇，牢固树立"尊重海洋、保护海洋、顺应自然"的海洋生态文明理念，在大力发展经济的同时，持续推进海洋生态建设；以资源节约利用和海洋生态环境保护为主线，以加强围填海管理和海岸线保护为重点，采取系统性和综合性的生态用海措施，将生态用海理念贯穿于海域空间资源配置的全过程和各方面，减少海洋开发活动对生态环境的破坏，以最小的海域空间资源损耗服务海洋经济

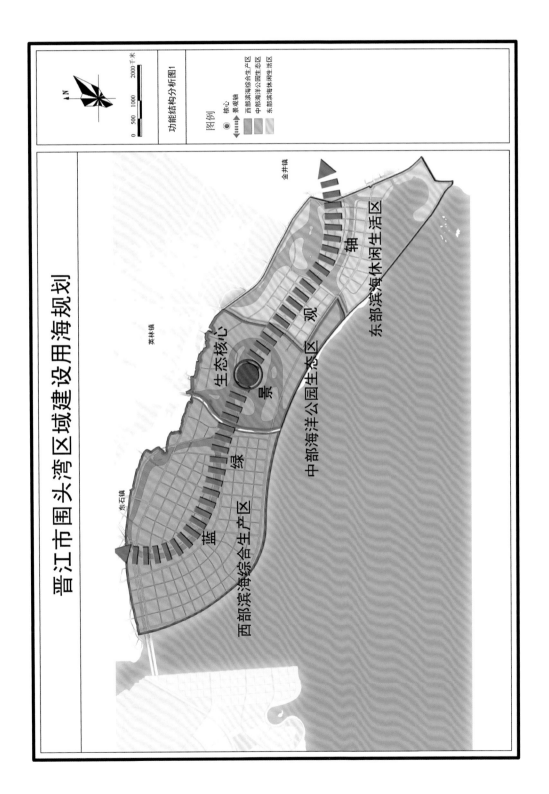

图4-2　规划区功能结构总布局示意图

社会的持续发展。综上所述，生态用海理念在晋江围头湾区域建设用海规划中的应用实践主要体现在空间布局规划、海洋资源利用和海洋生态环境保护三个层面。

4.3.1 空间布局规划

规划的空间布局立足区域海洋资源和产业背景条件，遵循海洋功能区划、城市总体规划和蓝色经济发展专项规划，坚持"三生统一"和"在保护中开发、在开发中保护"的原则，根据海域资源的综合价值、再生能力和海洋环境的承载能力等自然禀赋，以及海域使用现状、区域社会经济发展的用海需求等社会特性，开发利用海洋自然资源，构建"一带、三港、六区、四示范"海洋经济集聚发展格局。

"一带"就是把晋江出海口到安海鸿江出海口的沿海岸线以及临海腹地，作为蓝色产业统筹发展集聚带，沿线贯穿池店、陈埭、西滨、龙湖、深沪、金井、英林、东石、安海 9 个镇域。

"三港"就是以深沪、围头和陆地港为载体，依托深沪港、围头港大力发展临港产业、海工装备制造业和石化、能源产业，重点打造围头港口物流园；依托深沪渔港及周边区域，大力培育水产品精深加工及海洋生物医药产业；依托围头临港腹地大力发展水产品工厂化养殖业；依托陆地港、高铁站及周边区域，大力培育磁灶、内坑区域海陆空联运现代物流产业。

"六区"就是沿晋江海岸线自北向南依次规划布局"环湾滨江 CBD""临海商贸集聚区""海洋新兴产业示范区""滨海休闲旅游示范区""蓝色经济综合示范区"以及"高端临海产业示范区"6 个蓝色经济功能区。

"四示范"就是在"六区"的基础上重点打造 4 个省级海洋经济示范区，近期依托省装备制造业重点基地（金深园）打造海洋新兴产业示范区（以第二产业为主）；依托原国家体育产业基地打造滨海休闲旅游度假示范区（以第三产业为主）；依托经济开发

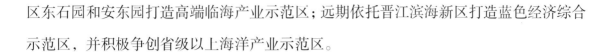

区东石园和安东园打造高端临海产业示范区；远期依托晋江滨海新区打造蓝色经济综合示范区，并积极争创省级以上海洋产业示范区。

1）生产、生活、生态"三生"共赢

规划拟形成"一心一轴三区"总体用地结构，在规划区内由西向东依次布置西部滨海综合生产区、中部海洋公园生态区、东部滨海休闲生活区。具体见表4-1。

表4-1　不同功能分区汇总表

片区编号	片区名称	功能区块编号	功能区块名称	用地面积（公顷）	产业性质	备注
A	西部滨海综合生产区	A-1	物流港口加工区	494.73	物流运输、仓储、海产品加工、临港配套工业	发展临港产业
		A-2	传统产业升级区	539.2	雨具制造、电子器件、纺织服装	发展本地特色产业
		A-3	台湾地区高新技术产业区	449.6	生物医疗设备、精密器械、电子制造、新兴材料制造	发展ECFA对台产业
		A-4	科技研发区	107.73	生物医药、教育培训、产业研发	以科研配套为主
		A-5	配套生活区	219.83	居住、商业、娱乐、体育、医疗保健	配套生活社区
		小计	总面积20.45平方千米，陆域面积约18.1平方千米			
B	中部海洋公园生态区	B-1	海洋公园区	370.83	生态保护、娱乐、度假	适度开发
		B-2	游艇度假区	227.5	高档居住、度假、商业、娱乐	发展游艇文化
		B-3	银发疗养区	118.96	医疗保健、疗养、休闲度假	发展ECFA对台疗养业
		B-4	滨海休闲区	171.71	酒店、商业、娱乐、旅游	发展综合酒店区
		小计	面积：总面积8.89平方千米，陆域面积约6.7平方千米			

续表 4-1

片区编号	片区名称	功能区块编号	功能区块名称	用地面积（公顷）	产业性质	备注
C	东部滨海休闲生活区	C-1	综合产业研发区	366.24	运动休闲产品制造、精密器械、体育设施、产业研发、健康食品医药	包含传统产业和科技研发
		C-2	生态湿地区	270.55	生态保护、度假、高档居住	适度开发
		C-3	金井外水城区	400.05	居住、行政办公、商务金融、综合商业、其他服务业	晋江次中心未来延伸区
		C-4	滨海运动公园带（区）	73.07	运动公园、体育设施	
		C-5	滨海湿地公园区	414.09	人工种植红树林	
		小计	总面积 15.24 平方千米，陆域面积约 9.1 平方千米			
总计			总面积 44.6 平方千米，陆域面积 33.9 平方千米			

①西部滨海综合生产区：在梳理周边交通关系基础上，抓住东石镇区功能外移与石井港开拓的契机，依托 ECFA 协定、本地传统雨具、纺织服装业和石井港发展临港产业，规划港口物流加工区、传统产业升级区、台湾地区高新技术产业区、科技研发区及配套生活区。

②中部海洋公园生态区：以中部内白屿为中心，周边水域为主体，规划布置海洋公园生态区，以保护脆弱的生境。该区内以海洋公园区为主要功能区，并依托其丰富的环境资源，规划了对生态影响小的第三产业功能区，即为游艇度假区、银发疗养区、滨海休闲区。

③东部滨海休闲生活区：位于规划区东部，紧临英林和金井，依托英林和金井传统服装纺织业、制造业、体育产业基地延伸及金井城市定位，规划综合产业研发区、生态湿地区、金井外水城区、滨海运动公园带（区）和滨海湿地公园区。

其中中部海洋公园生态区（B 区）（包含海洋公园区、游艇度假区、银发疗养区、滨海休闲区）和东部滨海休闲生活区（C 区）中的"C-2 生态湿地区"和"C-5 滨海湿地公园区"功能定位如下。

B-1 海洋公园区：面积为 370.83 公顷，位于生态区中部及东北部，是生态区的主要功能区。海洋公园以保护海洋生态为主、旅游度假为辅，以适度开发建设为宗旨，为重建海洋生态结构提供平台。

B-2 游艇度假区：面积为 227.5 公顷，位于生态区东北部，紧临海洋公园，景观优势明显。该区以游艇主题为主，结合游艇展示、游艇销售等，形成以游艇文化为特色的高档生活组团，并提供了居住、办公、商业、休闲等综合功能。

B-3 银发疗养区：面积为 118.96 公顷，依托良好的海洋景观资源，布置在生态区东南部，两面临水，南面与滨海度假区相连。该区依托 ECFA 协定开展对台健康产业，主要布置老人康复院，健康疗养中心，度假村，提供了医疗保健、娱乐、度假等功能，以海洋养生为理念，以休闲理疗为特色，结合台湾地区健康管理产业和医疗制造业，形成完善的疗养度假地。

B-4 滨海休闲区：面积为 171.71 公顷，位于生态区东南角和部分人工岛上，紧临围头湾风浪较小的外包岸线段。该区结合海洋公园和外海的滨海特色景观，以高品质滨海酒店为主，吸引两岸游客，打造集旅游、娱乐、商业为一体的有晋江特色的度假中心。

C-2 生态湿地区：面积 270.55 公顷，位于该区中部港塔溪入海口，建设生态湿地公园，以生态保护和旅游休闲为主。

C-5 滨海湿地公园区：面积 414.09 公顷，位于塘东沙咀周边陆域和海域。规划在塘东沙咀北侧泥滩种植红树林，保护和美化该区海岸与海洋景观，形成群众休闲和游客亲水主要场所。

规划以无居民海岛内白屿和现有入海河流水系为景观带，形成不同功能分区，将规划区划定为生产、生态、生活三大空间，以海洋公园为中心分隔并联系西部生产区与东部生活区，发展理念先进，空间布局合理。同时，规划将构筑晋江市宜居宜商的

发展模式，规划方案围绕弯曲岸线设计不同功能主题的滨水带，延长人工岸线营造丰富多彩的岸线形式和滨海体验，保护自然岸线特殊生态环境和景观，在规划区内打造海洋公园生态区和滨海休闲生活区，增添泉州南翼对台、对厦的"门户"形象，提升区域人文、景观价值，力争将规划区打造成为生产、生活、生态"三生"融合的滨海新区。规划在设计及实施过程中，最大限度地减少对海岸自然岸线、海域功能和海洋生态环境造成的损害，以实现科学利用岸线和近岸海域资源，坚持在开发中保护，在保护中开发，科学处理开发利用与保护的关系，实现可持续开发利用，实现生产、生活、生态的统一协调[303]。

2）优化产业结构，转变发展方式

作为海西对台联系的桥头堡、泉州"海上丝绸之路"的起点，晋江市是我国经济最发达的地区之一。因此规划区海域传统养殖和部分临海工程的海洋功能定位已经不能适应福建省、晋江市跨越式发展、实现战略性转型的需要。规划充分合理地利用潮间带海域资源，通过适度围填海造地，有效缓解晋江市城市发展和产业布局迫切需要解决的空间制约问题。依托围头湾良好的自然环境和对台优势，建设国家级体育城和省级先进装备制造业基地，引进台湾地区新兴产业技术，发展运动休闲、生物医药、健康疗养等产业，建设度假酒店、健康养生城、游艇中心、海洋公园等项目，打造具有区域影响力的休闲度假、宜业、宜商、宜居的滨海新城。同时，规划区结合良好的海洋景观资源，发挥滨海优势和海洋特色，把海洋资源与康体休闲、观光旅游、主题乐园等相结合，发展滨海养生休闲、渔港与渔业观光、海洋公园等项目，将传统渔业转变成现代休闲渔业观光，实现了对海域资源多元化开发和有效利用，客观上促进了海洋产业的转型升级。

由此可见，规划实施能满足晋江市产业转移、升级和城市发展的需求，通过产业的重新规划与空间布局，推动地区发展方式的转变和生态用海理念的贯彻落实（图4-3）。

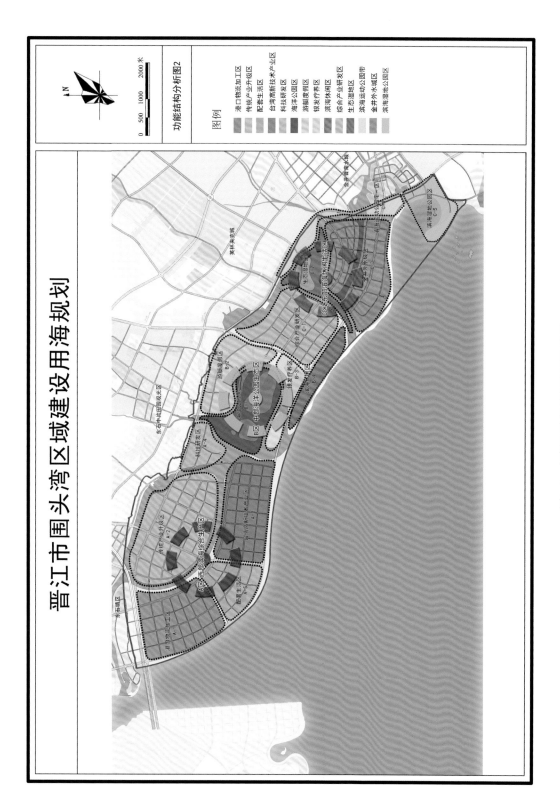

图4-3　规划区功能结构布置示意图

4.3.2 海洋资源利用

4.3.2.1 优化岸线布置，合理利用岸线资源

规划尽量保护自然岸线，合理利用深水岸线，并延长人工岸线的长度，增加水域面积，提升景观效果。

从"保护自然岸线，延长人工岸线"的角度来看，规划将占用现状岸线约22.3千米，其中大部分为人工岸线。规划实施后，占用了部分自然岸线，人为改变了原有海岸线的位置与走向，打破了海洋与陆地长期相互作用中形成的一种理想平衡状态，而受益于这种平衡的原有海岸线附近的湿地、浅海生物等也将受到影响。但考虑到区域内原有岸线资源绝大部分为人工岸线，规划占用的自然岸线较少，并将形成总长63.2千米的人工岸线，近3倍地延长了人工岸线的长度，在一定程度上增加了岸线的长度和曲折度，丰富了岸线的功能，从岸线利用的角度分析，岸线的效用得到了提高。

从"提升景观效果"的角度来看，规划在填海区周边留有丰富的水域空间，同时采用绿化带、水带（水网）作为各功能区之间的隔离，增加了大量亲水岸线，通过不同功能岸段的布置，形成曲折有致、结构明晰的用地布局，以无居民海岛白屿和现有入海河流水系为景观带，形成不同功能分区，有助于营造良好的人工水岸环境，形成独特的滨海景观资源，同时也提升了新形成土地的价值。在岸线利用上，考虑生态景观需要，外海护岸平面采用直线、曲线和圆弧等形状组合布置，以期与南面金门县形成相互辉映的岸线景观。此外，规划区南部外围岸线（约15.65千米）退让30米，用于绿化和亲水空间的布置，在新形成岸线采取生态化建设措施以促进岸线的自然化、生态化和绿植化。规划区内分布有美丽的滨海风光和海岛景观。规划在设计过程中，根据区内特有的滨海及岛礁的景观资源优势，因地制宜，形成人工内湖、人文景观，并在周围设置多处景观绿化带，同时把休闲、旅游、观光和海洋景观有机地结合起来，带动其他诸如交通、通信、服务等各个行业的发展，使区域原有景观资源价值得到最大限度地提升。可见，规划的实施能与海域自然条件相适应，发挥海域自然资源优势，实现海域资源的有效利用，并提升其景观价值。

4.3.2.2　"离岸式"和"人工岛式"平面设计，节约集约利用海域资源

在规划建设过程中，科学论证用海方案，优化围填海布置方案，注重海域资源的优化配置和节约集约利用，采用"离岸式"和"人工岛式"的平面设计思路，营造人与海洋亲近的环境和条件。坚持集约用海，在原有岸线的基础上通过离岸式设计，在填海区与原护岸之间设置过水通道，有利于原有陆上排水系统功能的正常发挥，并保证后方陆域泄洪通畅；采取人工岛和区块组团式填海方式，合理利用自然海岛资源，优化海域海岛和海岸带空间开发格局；增加水域面积，提升景观效果的同时，还可以起到一定的蓄洪作用。

在节约集约利用海域资源方面，依据晋江市围头湾区域建设用海规划中建设用地平衡情况（表 4-2）和规划用海的宗海面积及占用岸线情况等，可以通过计算海域利用效率、岸线利用效率、水域比率以及平均投资强度等指标来进行评价。其中，区域建设用海的海域利用效率、岸线利用效率、水域比率应符合表 4-3 的规定，工业项目集中区建设用海、城镇建设用海平均投资强度值应符合表 4-4 的规定。

表4-2　晋江市围头湾区域建设用海规划建设用地平衡

序号	用地代号（大）		用地名称	面积（公顷）	占总用地比例（%）
1	R		居住用地	235.11	5.27
2	C		公共设施用地	704.82	15.8
3	M		生产设施用地	940.84	21.1
4	W		仓储物流用地	108.75	2.44
5	T		对外交通用地	9.44	0.21
6	S		镇区交通用地	487.56	10.93
7	U		工程设施用地	16.9	0.38
8	G		绿化与广场用地	885.94	19.86
		其中	公园绿地	776.09	
			广场用地	5.38	
			防护绿地	104.47	
小计	建设用地			3 389.36	76.04
9	E		水域和其他用地	1 067.73	23.96
合计	规划区总用地面积			4 457.09	

表4-3　海域利用效率等规划指标参考

规划类型　　指标值	海域利用效率	岸线利用效率	开发退让距离（米）	水域比率
工业项目集中区建设用海规划	≥ 75%	1.5	≥ 30	≥ 10%
港口建设用海规划	≥ 80%	2.5	—	—
城镇建设用海规划	≥ 70%	3	≥ 30	≥ 20%

表4-4　平均投资强度规划指标参考

（单位：万元／公顷）

海域等别	一、二等	三、四等	五、六等
指标值	4 000	3 000	2 000

1）海域利用效率

海域利用率是指围填海形成的有效陆域面积中除绿地、道路广场以外其他各类用地面积占有效陆域面积的比例。其中有效陆域面积指围填海形成的除开发退让以外的陆域面积；绿地、道路广场面积按《城市用地分类与规划建设用地标准》（GBJ137—90）计算，开发退让范围内的绿地、道路广场面积不计算在内。该指标反映产业对填海造地在平面上的利用状况，是衡量填海造地利用程度的重要指标。晋江市围头湾区域用海规划类型包括工业项目集中区建设用海规划和城镇建设用海规划两大类，其中前者海域利用率参考指标为75%，后者为70%。

晋江市围头湾区域建设用海规划拟形成有效陆域面积约3 342.41公顷，绿地、道路广场面积为1 382.94公顷，开发退让面积主要为规划区南部外围岸线（约15.65千米）退让30米的面积为46.95公顷，依据下面公式计算得到海域利用率为58.62%。

海域利用效率 = [1 −（绿地面积 + 道路广场面积）/ 有效陆域面积]×100%

　　　　　 = [1 −（绿地面积 + 道路广场面积）/（规划区总用地面积 −

　　　　　　 规划区水域面积 − 开发退让面积)]×100%

　　　　　 = [1− (885.94 + 9.44 + 487.56) /（4 457.09 −1 067.73 −46.95）] ×100% = 58.62%

可见，晋江市围头湾区域建设用海规划的海域利用率基本达标。

2）岸线利用效率

岸线利用效率是指围填海形成的新岸线长度与占用的原海岸线长度的比值。该指标反映海岸线利用程度。计算公式如下：

$$岸线利用效率 = 新岸线长度 / 占用的原海岸线长度$$

$$= 77.8 \text{ 千米} / 14.0 \text{ 千米}$$

$$= 3.49$$

晋江市围头湾区域用海规划类型包括工业项目集中区建设用海规划和城镇建设用海规划两大类，其中前者岸线利用率参考指标为 1.5，后者为 3。依据上面公式计算得到晋江市围头湾区域用海规划岸线利用率为 3.49，大大超过了前者岸线利用率的参考指标要求，也达到了后者岸线利用率的参考指标要求。

此外，建议规划实施单位在规划区的建设过程中，对于非必须依托岸线的用海项目，不得占用岸线，应退让一定的距离，退让的岸线长度不得小于占用的原岸线长度，开发退让的区域应作为公共亲海空间，可设置绿地、道路广场或其他公共亲水设施。

3）水域比率

水域比率是指区域建设用海规划水域面积占总规划面积的比例。其中，规划水域面积指区域建设用海规划范围内设置或保留的各种水体面积之和。依据下面公式，计算得到晋江市围头湾区域用海规划水域比率为 23.96%，这是工业项目集中区建设用海规划参考指标 10% 的 2 倍多，也满足城镇建设用海规划水域比率大于等于 20% 的要求。

$$水域比率 = 规划水域面积 / 总规划面积 \times 100\%$$

$$= 1\,067.73 / 4\,457.09 \times 100\%$$

$$= 23.96\%$$

此外，建议规划实施单位在围头湾区域建设用海建设中，应优先保障防洪、排涝、防灾减灾和生态保护的水域需要，维持水体交换稳定、通畅，兼顾必要的景观、游憩功能。

4）绿地占用比例

根据《城市用地分类与规划建设用地标准》（GBJ 137—90），绿地占建设用地的比例应在 8% ~ 15% 之间，风景旅游城市及绿化条件较好的城市，其绿地占建设用地的比例可大于 15%。根据《工业项目建设用地控制指标》规定，工业企业项目绿地率不得超过 20%。

规划建设用海的主要内容为西部滨海综合生产区、中部海洋公园生态区和东部滨海休闲生活区，规划区域绿化要求较高。为着力打造泉台产业对接的先行先试区，凸显科技含量及生态特征，规划各功能区设置成片、多点、多条带的绿化体系，满足各功能区的绿化防护、绿化隔离及景观营造的需求，公园绿地总面积 776.09 公顷，占城市建设用地的比例约为 22.9%，可见，规划内绿地占用比例超出了《城市用地分类与规划建设用地标准》和《工业项目建设用地控制指标》的相关要求，这与规划区中部海洋公园生态功能区的绿化程度较高有关。

5）平均投资强度

规划区已确定入驻项目为 58 个（其中西部滨海综合生产区 31 个项目，中部海洋公园生态区 14 个项目，东部滨海休闲生活区 13 个项目），已确定入驻项目拟用海面积约为 2 035.6 公顷，固定资产投资总额约 730.65 亿元（其中填海造地投资约 213 亿元）。依据平均投资强度指区域建设用海范围内固定资产投资总额与总用地面积的比值，计算出规划区平均投资强度约为 3 500 万元 / 公顷，这可满足表 4-4 福建省晋江市海域等级属于三等（3 000 万元 / 公顷）的平均投资强度要求。

综上所述，从海域利用效率、岸线利用效率、水域比率及入驻产业项目平均投资强度指标等分析结果来看，规划用海面积基本合理，可以满足规划区域内产业发展的需求，符合节约集约利用海域资源的原则，加之安排了一定比例的湿地、水系、绿地等，满足区域建设用海规划的生态建设方案要求。

4.3.2.3　保护无居民海岛，打造特色景观

规划区内有美丽的滨海风光和海岛景观，分布有澎鞍担礁、五屿礁 2 个干出礁（即高度在大潮高潮面下、深度基准面上的孤立岩石或珊瑚礁），张塔屿 1 个明礁，以及内白屿 1 个无居民海岛。用海规划的平面布置坚持"在保护中开发、在开发中保护"的基本原则，对无居民海岛内白屿、张塔屿和五屿礁进行充分保留，在其周边形成保护海域，减少对岛屿等自然环境产生破坏；无居民海岛周边的保护海域可作为规划区形成之后的蓄洪水域，并形成四周流水环绕、岛屿交相辉映的景观格局，不仅提升了区域景观，且可以优化海岛周边的水流条件；同时根据区内特有的滨海及岛礁的景观资源优势，因地制宜，形成人工内湖、人文景观，并在周围设置多处景观绿化带，同时把休闲、旅游、观光和海洋景观有机地结合起来，带动其他诸如交通、通信、服务等各个行业的发展，使区域原有景观资源价值得到最大限度地提升。

4.3.2.4　保留沙滩资源，提升景观价值

规划实施过程中，对规划区内的塘东沙咀和白沙头沙滩进行保留，并围绕塘东沙咀布置滨海湿地公园区，构建"海水—河流—湿地—绿地—沙滩"复合生态系统，保护了滨海沙滩旅游资源，并提升了其景观价值。可见，规划的实施能与海域自然条件相适应，发挥海域自然资源优势，实现海域资源的有效利用，同时提升了其景观价值。

4.3.3　海洋生态环境保护

规划区位于围头湾海域，水动力较强，自净能力较好，项目建设不占用海洋自然保护区、海洋特别保护区的重点保护区及预留区、重点河口区域、重要滨海湿地区域、特殊保护海岛及重要渔业海域、生态脆弱敏感区的海域。同时，综合考虑到规划用海会对围头湾海洋生态环境造成的不利影响，规划针对项目施工过程和项目运营期间统筹制定了一系列生态保护方案与环保措施，主要集中在生态保护和生态修复两个环节。

4.3.3.1 海域环境综合整治

1）整理无序养殖，清理海漂垃圾，整治滩涂景观环境

规划区现状海域滩涂浅海养殖分布杂乱无章，海漂垃圾随处可见，现有沙滩、护岸垃圾随处分布，已严重影响了滨海景观。通过规划的实施，整理了规划范围及周边无序养殖，可直接减轻长年大规模养殖对海域生态环境的压力，有效改善海域的水质现状，海域底质和水动力冲淤环境将逐渐得到较大改善；同时可有效整治滩涂景观环境。

2）实施集中深海排放，防治陆源污染

规划拟建设一座 3.5 万米³/ 天的污水处理厂，污水处理后深海离岸排放。同时配套建设一座2.5万米³/天的再生水厂，对金井外水城区污水处理达标后，尾水作为中水回用，减少入海污染物总量。通过加强污染物入海排放管控，尽量减小对海洋生态环境的影响。规划区后方的直接陆域包括东石、英林、金井三镇：除东石镇现有远东污水处理厂处理污水外，金井镇仅镇政府所在地建成污水管网设施，且污水也是未经处理，直接排入排洪沟；而英林镇区没有污水处理及配套设施，污水漫流入海，对海域水质影响较大。若规划填海区污水厂先行建设，则后方陆域部分污水纳入填海区污水厂统一处理，可有效改善区域近岸海域海洋环境质量状况。详见图 4-4。

3）提高防洪防浪标准，增强海洋防灾减灾能力

规划区东石镇潘径村至塔头孙村一带沿岸为天然护岸，局部地段长期受海水动力作用影响，出现岸坡塌方等现象，现状稳定性差，易发生再崩塌等岸坡失稳现象，在大潮水力作用下加剧天然岸坡的变形。规划将原有的天然护岸改造为人工护岸，能有效改善天然护岸崩塌等岸坡失稳现象；且在外护岸上铺设护面块体垫层石、扭王块，在护岸前沿采用块石进行压脚，能起到一定的防浪作用。由于目前城镇建设中非法占用、堵塞河道的现象比较严重，导致河道及滩地垃圾成堆，影响城市景观。规划将在中部海洋公园生态区和东部生态湿地区形成一个大面积人工内湖，作为景观用人工湖，可对区内涝水起到一定调蓄作用。详见图 4-5。

4）促进安海湾清淤整治，提升环境容量

考虑到安海湾清淤整治可改善海域的水动力条件，并增加海域的纳潮量和环境容量，即安海湾清淤整治工程对围头湾具有显著的积极作用，因此规划实施的同时，同步开展安海湾清淤整治工作，可增强区域的水动力条件，部分增加该海域的纳潮量和环境容量，减缓由于大规模的围填海造成的围头湾纳潮量和环境容量损失。同时，为了确保围头湾的纳潮量以及城市防洪排涝的畅通，规划区中部英林镇附近海域布置了大面积的水域及防洪通道，产业布局上以休闲渔业及轻型无污染加工业和高新技术产业为主，重点发展劳动密集型以及技术密集型的产业，从环境保护角度来讲，以上产业发展空间布局与生态环境保护基本相协调。

4.3.3.2　海洋生态空间及生态廊道规划布局

结合内外滨水景观及城市开放绿地，规划"两心、两带、四轴"的绿地水域系统。详见图 4-6。

"两心"：即位于中部海洋公园生态区的海洋生态核心和位于东部滨海休闲生活区的湿地公园核心，由大面积水域和生态绿岛构成。两个核心是规划区内水域重要组成部分，也是腹地径流主要的汇水区，为规划区提供良好的生态资源和景观资源。

"两带"：即位于规划区中部的水域绿地景观带和海岸线内侧的滨海围堤景观带。两带横向贯穿规划区，串联生产、生态、生活三大片区，其中水域绿地景观带由内水道和开放绿楔共同构成，结合滨湖景观大道，是规划区中部的主要交通—观光带；滨海景观带由外海堤的线性绿地构成，功能上在实现开放滨海空间的同时还起到一定防洪防浪的安全作用。

"四轴"指位于各产业区和生活区内部的纵向绿楔。该绿楔引滨海景观入规划区内部，并扩展至围头湾腹地，是规划区南北向重要的绿地系统。

绿化与广场用地面积为 885.94 公顷，占建设用地面积的 26.14%，其中公园绿地 776.09 公顷，比例为 22.90%。水域面积为 1 067.73 公顷，占规划总用地的面积 23.94%。

基于生态用海的

海洋空间规划研究与实践 ≫ ≫

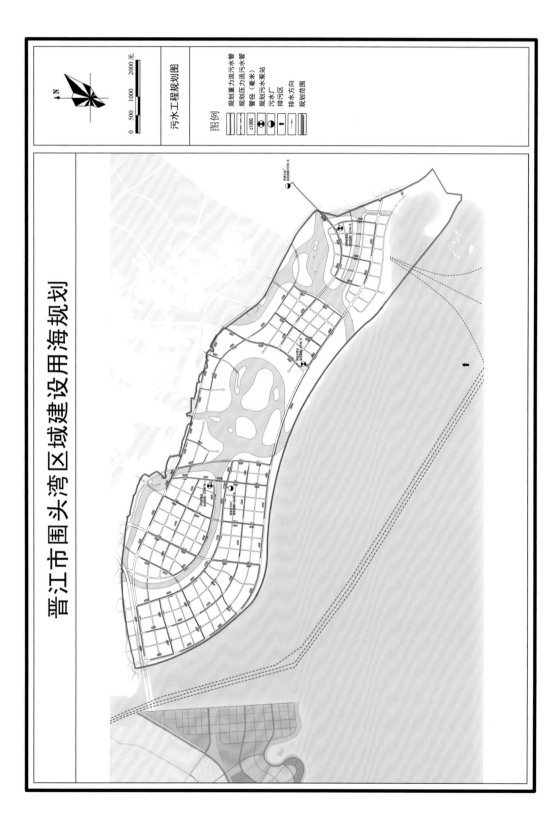

图4-4 污水工程规划图

图4-5 防洪防潮及雨水工程规划图

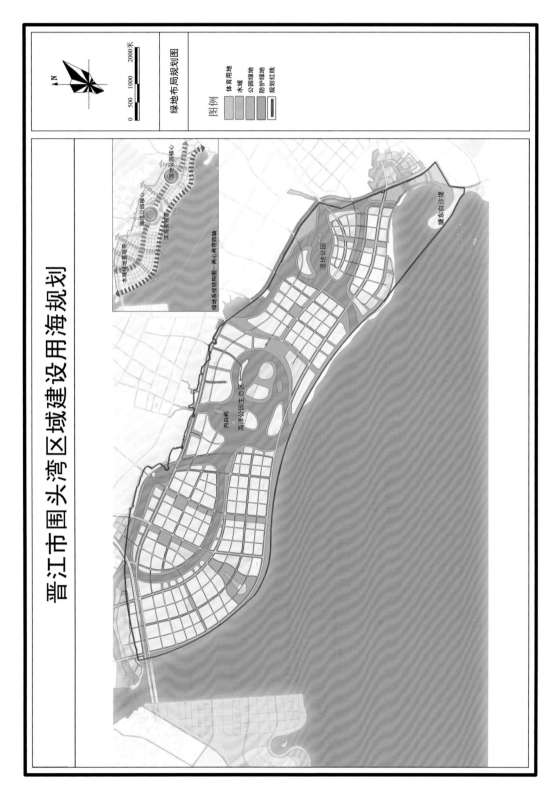

图4-6 绿地布局规划图

4.3.4　小结

　　生态用海理念涵盖了晋江围头湾区域建设用海规划"规划用海前""规划用海中"和"规划用海后"的全过程，在推进产业转型和发展海洋经济的同时为海洋生态环境保护提供了全方位的保障。其特点综合体现在上述空间布局规划、海洋资源利用和海洋生态环境保护三个层面。即在规划用海之前要根据海域的自然禀赋确定用海方式，保持海洋生态系统的基本生态功能，实现生产、生活、生态的统一协调；规划用海过程中要在现有的技术条件下以生态友好、环境友好的方式开发使用海域，积极鼓励生态用海活动与海洋生态修复、建设的有机结合，实现节约集约可持续利用海域资源；规划用海之后加强海洋生物多样性保护，有效保护典型濒危动物及栖息地，采取有效措施保护海洋生物迁徙通道和生态联系，对受损生物栖息地实施生态补偿，并通过增殖放流强化水产资源的恢复。

参考文献

[1] 张永姣,方创琳.空间规划协调与多规合一研究:综述与展望[J].城市规划学刊,2016(02):78–87.

[2] CEC–Commission of the European Communities. The EU compendium of spatial planning systems and policies[M]. Luxembourg: Office for Official Publications of the European Communities, 1997.

[3] 吴唯佳,武庭海,于涛方,等.空间规划[M].北京:清华大学出版社,2017.

[4] 王金岩.空间规划体系论:模式解析与框架重构[M].南京:东南大学出版社,2011.

[5] 顾朝林.多规融合的空间规划[M].北京:清华大学出版社,2015.

[6] 韩青.城市总体规划与主体功能区规划空间协调研究[D].北京:清华大学,2011.

[7] 王鸣岐,杨潇."多规合一"的海洋空间规划体系设计初步研究[J].海洋通报,2017,36(6):675–681.

[8] 中共中央,国务院.生态文明体制改革总体方案.(2015–09–21)[2018–07–31]. http://www.gov.cn/guowuyuan/2015–09/21/content_2936327.htm.

[9] 常新,张杨,宋家宁.从自然资源部的组建看国土空间规划新时代[J].中国土地,2018(05):25–27.

[10] 狄乾斌,韩旭.国土空间规划视角下海洋空间规划研究综述与展望[J].中国海洋大学学报（社会科学版）,2019(05):59–68.

[11] 张翼飞,马学广.海洋空间规划的实现及其研究动态[J].浙江海洋学院学报(人文科学版),2017,34(3): 17–26.

[12] DOUVERE F. The Importance of Marine Spatial Planning in Advancing Ecosystem–Based Sea Use Management. Marine Policy, 2008, 32(5): 762–771.

[13] CROWDER L, NORSE E. Essential ecological insights for marine ecosystem–based management and marine spatial planning, marine policy, 2008, 32(5): 772–778.

[14] GILLILAND P M, LAFFOLEY D. Key elements and steps in the process of developing ecosystem–based marine spatial planning[J]. Marine policy, 2008, 32(5): 787–796.

[15] CHARLES E, DOUVERE F. 海洋空间规划——循序渐进走进生态系统管理[M]. 何广顺,译.北京:海洋出版社,2010.

[16] NAKANO S, YAMAMURO M, URABE J, et al. Ecosystem Based Management[J]. Bioscience, 2010, 43(9): 612–622.

[17] AGARDY T, DISCIARA G N, CHRSTIE P. Mind the gap: Adressing the Shortcomings of Marine Protected Areas through Large Mcale Marine spatial Planning[J]. Marine Policy, 2011, 35(2): 226–232.

[18] GIMPEL A, STELZENM LLER V, CORMIER R, et al. A Spatially Explicit Risk Approach to Support Marine Spatial Planning in the German EEZ[J]. Marine Environmental Research, 2013, 86(3): 56–69.

[19] KYRIAZI Z, MAES F, RABAUT M, et al. The Integration of Nature Conservation into the Marine Spatial

Planning Process[J]. Marine Policy, 2013, 38(2): 133–139.

[20] CHRISTIE N, SMYTH K, BARNES R, et al. Co–location of Activities and Designations: A means of Solving or Creating Problems in Marine Spatial Planning?[J]. Marine Policy, 2014, 43(1): 254–261.

[21] FLANNERY W, O HAGAN A M, O MAHONY C, et al. Evaluating Conditions for Transboundary Marine Spatial Planning: Challenges and Opportunities on the Island of Ireland[J]. Marine Policy, 2015, 51(51): 86–95.

[22] JAY S, ALVES F L, O'MAHONY C, et al. Transboundary Dimensions of Marine Spatial Planning: Fostering Inter–Jurisdictional Relations and Governance[J]. Marine Policy, 2016, 65: 85–96.

[23] BOTERO C M, FANNING L M, MILANES C, et al. An indicator framework for assessing progress in land and marine planning in Colombia and Cuba[J]. Ecological Indicators, 2016, 64(may): 181–193.

[24] DUNSTAN P K, BAX N J, DAMBACHER J M, et al. Using ecologically or biologically significant marine areas (EBSAs) to implement marine spatial planning[J]. Ocean & Coastal Management, 2016, 121: 116–127.

[25] 刘曙光, 纪盛. 海洋空间规划及其利益相关者问题国际研究进展 [J]. 国外社会科学, 2015(3): 59–66.

[26] U.S. Commission on Ocean Policy. An Ocean Blueprint for the 21st Century[R]. Washington DC: National Oceanic and Atmospheric Administration, USA, 2004.

[27] CICIN–SAIN B, KNECHT R W. 美国海洋政策的未来 [M]. 张耀光, 韩增林, 译. 北京: 海洋出版社. 2010: 55–61.

[28] 王琪, 陈贞. 基于生态系统的海洋区域管理 [J]. 海洋开发与管理, 2009(8): 12–16.

[29] CURTIN R, PRELLEZO R. Understanding marine ecosystem based management: A literature review[J]. Marine policy, 2010, 34(5): 821–830.

[30] FORST M F. The convergence of Integrated Coastal Zone Management and the ecosystems approach[J]. Ocean & Coastal Management, 2009, 52(6): 294–306.

[31] CHARLES E, DOUVERE F. Marine Spatial Planning: A Step–by–Step Approach toward Ecosysem–based Management[J]. Intergovernmental Oceanographic Commission, 2009.

[32] 高艳, 李彬. 海洋生态文明视域下的海洋综合管理研究 [M]. 青岛: 中国海洋大学出版社, 2016: 22.

[33] GRUMBINE R E. What is ecosystem management? Conservation Biology. 1994(8): 27–38.

[34] FOSTER E, HAWARD M, SCOTT C. Implementing integrated oceans management: Australian southeast regional marine plan (SERMP) and Canada's scotian shelf integrated management (ESSIM) initiative[J]. Marine Policy, 2005, 29(5) : 391–405.

[35] ELLIS S L, INCZE L S, LAWTON P, et al. Four Regional Marine Biodiversity Studies: Approaches and Contributions to Ecosystem–Based Management[J]. PLoS ONE, 2010, 6.

[36] MCLEOD K L, LUBCHENCO J, PALUMBI S, et al. Scientific Consensus Statement on Marine Ecosystem–Based Management[J]. COMPASS. 2005.

[37] PIKITCH E K, SANTORA C, BABCOCK E A, et al. Ecosystem–Based Fishery Management[J]. Science,

2004, 305: 346–347.

[38] RODNEY J JAMS. From beaches to beach environments: linking the ecology, human–use and management of beaches in Australia[J]. Ocean & Coastal Management, 2000(43): 495–514.

[39] MARE W K D L. Marine ecosystem–based management as a hierarchical control system[J]. marine policy, 2005, 29(1): 57–68.

[40] DOUVERE F , CO–CHAIRS C N E W . International Workshop on Marine Spatial Planning, UNESCO, Paris, 8 - 10 November 2006: A summary[J]. Marine Policy, 2007, 31(4):582–583.

[41] LESLIE H M, MCLEOD K L. Confronting the Challenges of Implementing Marine Ecosystem–Based Management[J]. Frontiers in Ecology & the Environment, 2007, 5(10):540–548.

[42] RUCKELSHAUS M, KLINGER T, KNOWLTON N, et al. Marine ecosystem–based management in practice: Scientific and governance challenges[J]. BioScience, 2008(58): 53–63.

[43] DEFEO O, MCLACHLAN A, SCHOEMAN D S, et al. Threats to sandy beach ecosystems: A review[J]. Estuarine Coastal & Shelf Science, 2009, 81(1): 1–12.

[44] LESTER S E, MCLEOD K L, TALLIS H, et al. Science in support of ecosystem–based management for the US West Coast an beyond[J]. Biological Conservation, 2010, 143(3): 576–587.

[45] ORTH R J, CARRUTHERS T, DENNISON W C, et al. Ecosystem–Based Management[J]. Carrie, 2014, 43(9): 612–622.

[46] LONG R D, CHARLES A, STEPHENSON R L. Key principles of marine ecosystem–based management[J]. Marine Policy, 2015, 57: 53–60.

[47] CURTIN R, PRELLEZO R. Understanding marine ecosystem based management: A literature review. Marine Policy. 2010(34): 821–830.

[48] What is MEBM? University of Michigan. 2012. http://www.snre.umich.edu/ecomgt//.

[49] 刘慧 , 苏纪兰 . 基于生态系统的海洋管理理论与实践 [J]. 地球科学进展 , 2014, 29(2): 275–284.

[50] 孟伟庆 , 胡蓓蓓 , 刘百桥 , 等 . 基于生态系统的海洋管理：概念、原则、框架与实践途径 [J]. 地球科学进展 , 2016, 31(5): 461–470.

[51] 徐丛春 , 王晓惠 , 李双建 . 国际海洋空间规划发展趋势及对我国的启示 [J]. 海洋开发与管理 , 2008 (9): 45–49.

[52] 王佩儿 . 资源定位的海洋功能区划和沿海城市概念规划 [J]. 浙江万里学院学报 , 2008, 21(2): 91–94.

[53] DOUCERE F. 国际海洋空间规划论文集 [M]. 徐胜 , 等译 . 北京 : 海洋出版社 , 2010.

[54] 许莉 . 国外海洋空间规划编制技术方法对海洋功能区划的启示 [J]. 海洋开发与管理 , 2015(9): 28–31.

[55] UNESCO. Joint Roadmap to accelerate Marine/Maritime Spatial Planning worldwide[Z]. 2017. https://oceanconference.un.org/commitments/?id=15346.

[56] 方秦华 . 加快全球海洋空间规划的联合路线图 [Z]. 海洋通报 , 2017.

[57] 王金岩 . 空间规划体系论 : 模式解析与框架重构 [D]. 北京师范大学 , 2009.

[58] DAY J C. Zoning—lessons from the Great Barrier Reef Marine Park[J]. Ocean & Coastal Management, 2002, 45(2–3): 139–156.

[59] DAY J. The need and practice of monitoring, evaluating and adapting marine planning and management–lessons from the Great Barrier Reef[J]. Marine policy, 2008, 32(5): 823–831.

[60] 梁卉昕 . 省市层级海洋功能区划修编衔接的理论与实践研究——以莆田市海洋功能区划修编为例 [A]. 厦门大学 , 2016.

[61] KENCHINGTON R A, DAY J C. Zoning, a fundamental cornerstone of effective Marine Spatial Planning: lessons learnt from the Great Barrier Reef, Australia[J]. Journal of Coastal Conservation, Vol.15, No.2, Maritime Spatial Planning (June2011): 271–278.

[62] 方春洪 , 刘堃 , 滕欣 , 等 . 海洋发达国家海洋空间规划体系概述 [J]. 海洋开发与管理 , 2018(4): 51–55.

[63] SCHEMPP A, MENGERINK K, AUSTIN J, et al. 美国环境法协会发布《扩大海洋生态系统管理在 < 海岸带管理法 > 中的作用》白皮书 [J]. 桂静 , 译 . 中国海洋法学评论 (英文版), 2009 (2):74–83.

[64] OLSEN S B, MECANN J H, FUGATE G. The State of Bhode Island's pioneering marine spatial plan[J]. Marine policy, 2014, 45: 26–38.

[65] 刘佳 , 李双建 . 世界主要沿海国家海洋规划发展对我国的启示 [J]. 海洋开发与管理 , 2011, 28(3): 1–5.

[66] GEE K, KANNEN A, GLAESER B, et al. National ICZM strategies in Germany: A spatial planning approach[J]. 2004:23–33.

[67] AGARDY M T. Ocean zoning: making marine management more effective[J]. 2010.

[68] FANNY, DOUVERE, CHARLES N, et al. International Workshop on Marine Spatial Planning, UNESCO, Paris, 8 – 10 November 2006: A summary[J]. Marine Policy, 2007,31(4):582–583.

[69] DOUVERE F, MAES F. The role of marine spatial planning in sea use management: The Belgian case[J]. Marine Policy. 2007, 31(2): 182–191.

[70] OLSEN E, KLEIVEN A R, SKJOLDAL H R, et al. Pace–based management at different spatial scales[J]. Journal of Coastal Conservation, 2011, 15(2): 257–269.

[71] SHERMAN K, SKJOLDAL H R. Large marine ecosystems of the North Atlantic:changing states and sustainability[J], Aquaculture, 2002, 214(s1–4): 424–425.

[72] DEFRA. A sea change. A Marine Bill White Paper.In:Presented to parliament by the secretary of state for environment,food and rural affairs by command of her majesty[J]. London, 2007.

[73] 母容 . 基于多维决策法的海岸带主体功能区研究 [A]. 厦门大学 , 2013.

[74] 张云峰 , 张振克 , 张静 , 等 . 欧美国家海洋空间规划研究进展 [J]. 海洋通报 , 2013, 32(3): 352–360.

[75] BUHL-MORTENSEN L, GALPARSORO I, FERN NDEZT V, et al. Maritime ecosystem–based management

in practice: lessons learned from the application of a generic spatial planning framework in Europe[J]. Marine Policy, 2017, 75(1): 174–186.

[76] 俞树彪, 阳立军. 海洋区划与规划导论 [M]. 北京 : 知识产权出版社 , 2009.

[77] MU R, ZHANG L P, FANG Q H. Ocean–related zoning and planning in China: A review. Ocean & Coastal Management, 2013, 82 (3): 64–70.

[78] 国务院 : 中共中央印发《深化党和国家机构改革方案》. [2018-09-07]. http://www.gov.cn/zhengce/ 2018-03/21/content_5276191.htm#1.

[79] 王宏局长解读《"一带一路"建设海上合作设想》. (2017-06-21) [2018-08-16]. https://mp.weixin. qq.com/s/Vn-xErufLYAf3-3tXaAjcA.

[80] 李淑媛, 苗丰民 , 王权明 . 海洋功能区划分类体系探讨 [J]. 海洋开发与管理 , 2010, 27(6): 73–79.

[81] 唐永銮 . 海洋功能区划划分的原则、分区系统和方法的探讨 [J]. 环境污染与防治 , 1991, 13(4): 2–5.

[82] 范信平 . 论海洋功能区划的分类体系选择 [J]. 海洋与海岸带开发 , 1991, 8(4): 66–70.

[83] 顾世显 , 钟耀阁 . 浅议海洋功能区划与沿海区域开发的关系 [J]. 海洋与海岸带开发 , 1993, 10(1): 62–65.

[84] 国家技术监督局 . 海洋功能区划技术导则 [S]. 1997.

[85] 国家质量监督检验检疫总局 , 国家标准化管理委员会 . 海洋功能区划技术导则 [S]. 2006.

[86] 阿东 . 海洋功能区划的意义和作用 [J]. 海洋开发与管理 , 1999(03): 25–28.

[87] 杨晓玉 . 海洋功能区划管理信息系统之初步设想 [J]. 江苏科技信息 , 2000(12): 37–39.

[88] 李巧稚 , 刘百桥 , 林宁 . 海洋功能区划管理信息系统框架研究 [J]. 海洋通报 , 2001(02): 51–57.

[89] 李晓 , 张剑锋 , 林忠 , 等 . 基于 MapX+ Visual Basic 的专题地理信息系统二次开发——以开发海洋功能区划管理信息系统为例 [J]. 福建师范大学学报 (自然科学版), 2002(04): 105–109+120.

[90] 邬群勇 , 王钦敏 , 肖桂荣 . 海洋功能区划管理信息系统 [J]. 地球信息科学 , 2003(01): 45–48.

[91] 滕骏华 , 黄韦艮 , 孙美仙 . 基于网络 GIS 的海洋功能区划管理信息系统 [J]. 海洋学研究 , 2005(02): 56–63.

[92] 林宁 . 3S 技术在海洋管理中的应用 [J]. 海洋信息 , 2001(01): 1–3.

[93] 谭勇桂 , 张鹰 , 邱永红 . "3S" 支持下的海洋功能区划工作底图制图技术 [J]. 海洋技术 , 2002(01): 68–70+76.

[94] 周沿海 , 林忠 , 李晓 . GIS 支持下的福州市海洋功能区划 [J]. 福建地理 , 2003(03): 51–53+15.

[95] 乔磊 , 杨荣民 , 李广雪 , 等 . SPOT 遥感影像处理技术以及在青岛市海洋功能区划中的应用 [J]. 海洋湖沼通报 , 2005(2): 8–12+28.

[96] 王权明 . GIS 空间分析支持的海洋功能区划方法研究 [D]. 大连海事大学 , 2008.

[97] 董月娥 , 徐伟 , 滕欣 . 基于 GIS 的海洋功能区划实施评价方法研究 [J]. 海洋开发与管理 , 2014, 31(11): 27–31.

[98] 王佩儿，洪华生，张珞平．试论以资源定位的海洋功能区划 [J]. 厦门大学学报 (自然科学版)，2004(S1): 205–210.

[99] 杨顺良，罗美雪．海洋功能区划编制的若干问题探讨 [J]. 海洋开发与管理，2008(7): 12–18.

[100] 郭佩芳．海洋功能区划的矛盾和变革 [J]. 海洋开发和管理，2009, 26(5): 26–30.

[101] 罗美雪．福建省海洋功能区划编制的若干技术方法探讨 [J]. 台湾海峡，2010, 29(02): 290–294.

[102] 刘百桥，阿东，关道明．2011—2020 年中国海洋功能区划体系设计 [J]. 海洋环境科学，2014, 33(03): 441–445.

[103] 莫微，孙丽，谭勇华，等．海洋功能区划中的不确定性与适应性管理 [J]. 海洋开发与管理，2017, 34(12): 98–101.

[104] 李东旭，赵锐，宋维玲，等．我国海洋主体功能区划基本问题探讨 [J]. 中国渔业经济，2011, 5(29): 10–16.

[105] 国务院．中华人民共和国国民经济和社会发展第十一个五年规划纲要 [M]. 北京：人民出版社，2006.

[106] 国家发展和改革委员会宏观经济研究院国土地区研究所课题组．我国主体功能区划分及其分类政策初步研究 [J]. 宏观经济研究，2007(4) : 3–10.

[107] 朱传耿，马晓东，孟召宜，等．地域主体功能区划——理论、方法、实证 [M]. 北京：科学出版社，2007: 18.

[108] 魏后凯．对推进形成主体功能区的冷思考 [J]. 中国发展观察，2007(3): 28–30.

[109] 徐惠民，丁德文，叶属峰，等．海洋国土主体功能区划规划若干关键问题的思考[J]. 海洋开发与管理，2008, 25(11): 52–54.

[110] 石洪华，郑伟，丁德文．海岸带主体功能区划的指标体系与模型研究 [J]. 海洋开发与管理，2009, 26(8): 88–96.

[111] 王倩，郭佩芳．海洋主体功能区划与海洋功能区划关系研究 [J]. 海洋湖沼通报，2009(4): 188–192.

[112] 何广顺，王晓惠，赵锐，等．海洋主体功能区划方法研究 [J]. 海洋通报，2010, 29(3): 334–341.

[113] 李东旭，赵锐，宋维玲．近海海洋主体功能区划技术方法研究 [J]. 海洋环境科学，2010, 29(6): 939–944.

[114] 徐丛春，赵锐，宋维玲，等．近海主体功能区划指标体系研究 [J]. 海洋通报，2011, 30(6): 650–655.

[115] 颜利，吴耀建，陈凤桂，等．福建省海岸带主体功能区划评价指标体系构建与应用研究 [J]. 应用海洋学学报，2015, 34(1): 87–96.

[116] 于大涛，姜恒志，孙倩，等．海洋开发建设中的"多规合一"常见问题及对策措施 [J]. 中国人口资源与环境，2016, 26(11): 154–157.

[117] 罗成书，周世锋．浙江省海洋空间规划"多规合一"的现状、问题与重构 [J]. 海洋经济，2017, 7(3): 52–59.

[118] 栾维新，王辉，杨玉洁．4.0 版海洋功能区划的实施体系．中国海洋报，2017–11–15(2).

[119] YUE Q, ZHAO M, YU H M, et al. Total quantity control and intensive management system for reclamation in China[J]. Ocean & Coastal Management, 2016 (120): 64–69.

[120] 王平，赵明利，谢健．区域建设用海规划工作的几点体会 [J]. 海洋开发与管理，2009(5): 11–15.

[121] 国家海洋局．区域建设用海规划管理办法（试行）. 2016.

[122] 孙钦帮，陈艳珍，陈兆林，等．区域建设用海规划工作中的几点思考 [J]. 海洋开发与管理. 2015(1): 15–17.

[123] 陈秋明，黄发明，官宝聪，等．区域建设用海规划面积合理性初探 [J]. 海洋开发与管理，2013(7): 7–10.

[124] 国家海洋局．区域建设用海规划管理办法（试行）[Z].(2016–02–04).   http://gc.mnr.gov.cn/201806/ t20180614_1795718.html.

[125] 温国义，马文斋，马芳．区域建设用海规划编制问题初步研究 [J]. 海洋开发与管理，2012(1): 12–13.

[126] 任西贵．遥感技术在辽宁省区域建设用海规划中的应用 [J]. 经纬天地，2015(3): 30–32.

[127] 黄华梅，王平，谢健，等．区域建设用海规划的生态建设理念思考 [J]. 海洋开发与管理，2017(8): 49–53.

[128] 袁道伟，赵建华，于永海，等．区域建设用海后评估方法研究 [J]. 海洋环境科学. 2014, 33(6): 958–961.

[129] 国家海洋局．国家海洋督察全面启动——重点查摆、解决围填海管理方面存在的"失序、失度、失衡" 等问题. (2017–08–24)[2020–09–28]. http://www.mnr.gov.cn/dt/hy/201708/t20170824_2333282.html.

[130] 林丽华，王平，黄华梅．绿色发展理念下区域建设用海规划工作的几点思考 [J]. 海洋开发与管理， 2017(9): 25–29.

[131] UNESCO. Joint Roadmap to accelerate Marine/Maritime Spatial Planning worldwide[Z]. 2017. https:// oceanconference.un.org/commitments/?id=15346.

[132] 方秦华．加快全球海洋空间规划的联合路线图 [Z]. 海洋通报，2017.

[133] 王江涛．我国海洋空间规划的"多规合一"对策 [J]. 城市规划，2018(4).

[134] 高艳，李彬．海洋生态文明视域下的海洋综合管理研究．青岛：中国海洋大学出版社，2016: 142.

[135] BISARO A, BEL M, HINKEL J, et al. Leveraging public adaptation finance through urban land reclamation: cases from Germany, the Netherlands and the Maldives. Climatic Change. 2020, 160: 671 – 689.

[136] MARTÍN–ANTÓN M, DEL CAMPO J M, NEGRO V, et al. Land Use and Port–city Integration in Reclamation Areas: A Comparison between Spain and Japan. Journal of Coastal Research. 2020,95(sp1).

[137] 中国科学院烟台海岸带研究所．填海造地要杜绝科学欠账. (2013–08–12) [2020–09–28]. http://www. yic.cas.cn/kxpj/kpzl/201809/t20180911_5076389.html.

[138] 岳奇，徐伟，胡恒，等．世界围填海发展历程及特征 [J]. 海洋开发与管理，2015(6): 1–5.

[139] 杨华 . 海洋发展战略中填海造地的法律规制研究 [M]. 北京 : 法律出版社 , 2014: 30–45.

[140] 国家海洋局海洋发展战略研究所课题组 . 中国海洋发展报告 (2015). 北京 : 海洋出版社 . 2015: 217.

[141] 李文君 , 于青松 . 我国围填海历史、现状与管理政策概述 [J]. 今日国土 , 2013 (1): 36–38.

[142] 初敏 , 王辰良子 . 谈规制围填海项目的政策路径 [J]. 中国海洋大学学报 (社会科学版),2011(05):37–4.

[143] 刘育 , 龚凤梅 , 夏北成 . 关注填海造陆的生态危害 [J]. 环境科学动态 , 2003(4): 25–27.

[144] 刘霜 , 张继民 , 唐伟 . 浅议我国填海工程海域使用管理中亟须引入生态补偿机制 [J]. 海洋开发与管理 , 2008(11): 34–37.

[145] 国务院批复八省区市 2011 年至 2020 年海洋功能区划 . 河海水利 , 2012(05):9.

[146] 国家海洋局 . 关于加强区域建设用海管理工作的若干意见 : 国海发 [2006]14 号 . (2006–04–20).

[147] 郭信声 . 填海造地系列评述 [N]. 中国海洋报 , 2014–12–01(A1).

[148] 李亚宁 , 李晋 , 潘嵩 . 我国填海造地对拓展空间的贡献分析 [J]. 海洋经济 , 2015(03) : 41–47.

[149] 国家海洋局 . 我国将进一步加强围填海管控 .(2018–01–22) [2020–09–29]. http://www.mnr.gov.cn/dt/hy/201801/t20180122_2333424.html.

[150] 新华社 . 中共中央印发《深化党和国家机构改革方案》.(2018–03–21) [2020–09–29]. http://www.gov.cn/zhengce/2018–03/21/content_5276191.htm#1.

[151] 新华社 . 中共中央关于深化党和国家机构改革的决定 . (2018–03–04) [2020–09–29]. http://www.gov.cn/zhengce/2018–03/04/content_5270704.htm.

[152] 国家发展改革委 国家海洋局 . 关于加强围填海规划计划管理的通知 . (2010–01–15) [2017–03–01]. http://gc.mnr.gov.cn/201806/t20180614_1795713.html.

[153] 中央政府门户网站 . 海洋局公布《全国海洋功能区划 (2011 − 2020 年)》. (2012–04–25) [2017–02–18]. http://www.gov.cn/jrzg/2012–04/25/content_2123467.htm.

[154] 国家海洋局 . 国家海洋局关于进一步加强海洋工程建设项目和区域建设用海规划环境保护有关工作的通知 (国海环字〔 2013 〕196 号). (2018–02–07) [2020–09–29] http://ncs.mnr.gov.cn/n1/n128/n236/n252/180207171630909145.html.

[155] 李志明 . 构建"一带九区多点"海洋开发格局——解读《全国海洋主体功能区规划》[J]. 中国经贸导刊 , 2015, 28(19):39–39.

[156] 国家海洋局关于印发《区域建设用海规划编制技术规范 (试行)》的通知 [J]. 国家海洋局公报 ,2017(01):54–70.

[157] 新华社 . 习近平主持召开中央全面深化改革领导小组第三十次会议 .(2016–12–05) [2020–09–29]. http://www.xinhuanet.com//politics/2016–12/05/c_1120058658.htm.

[158] 新华网 . 中共中央办公厅国务院办公厅印发《关于划定并严守生态保护红线的若干意见》.(2017–02–07) [2020–09–29]. http://news.xinhuanet.com/politics/2017–02/07/c_1120426350.htm.

[159] 国家海洋局 . 国家海洋局办公室关于印发《建设项目用海面积控制指标 (试行)》的通知 .(2017–

06-23) [2017-10-16]. http://www.fcgs.gov.cn/hyj/zcfg/201706/t20170627_42798.html.

[160] 中国政府网 . 国家海洋局关于印发《围填海工程生态建设技术指南（试行）》的通知 : 国海规范 [2017]13 号 . (2017-10-13) [2020-09-29]. http://f.mnr.gov.cn/201807/t20180702_1966783.html.

[161] 中国海洋报 . 国家海洋局印发贯彻落实《海岸线保护与利用管理办法》指导意见和实施方案 . (2017-10-17) [2017-10-16]. http://www.fcgs.gov.cn/hyj/dtxx/201710/t20171017_47023.html.

[162] 中国政府网 . 国家海洋局印发指导意见和实施方案 深入贯彻落实中央《围填海管控办法》. (2017-10-17) [2020-09-29]. http://www.mnr.gov.cn/dt/hy/201710/t20171017_2333327.html.

[163] 国务院 . 向海要地冲动强烈 我国出台最严围填海管控措施 . (2018-01-17) [2018-04-02]. http://www.gov.cn/hudong/2018-01/17/content_5257708.htm.

[164] 国家海洋局海洋发展战略研究所课题组 . 中国海洋发展报告（2017）[M]. 北京 : 海洋出版社 . 2017: 173.

[165] 中国政府网 . 环保督察新机制 让环保压力有效传导 . (2016-08-02) [2018-04-04]. http://www.gov.cn/xinwen/2016-08/02/content_5096715.htm.

[166] 人民网 . 中央环保督察威力大 : 2016 年到 2017 年两年内完成了对全国 31 省份的全覆盖 . (2017-11-07) [2018-04-04]. http://politics.people.com.cn/n1/2017/1107/c1001-29630381.html.

[167] 人民网 . 中央第三环境保护督察组向山东省反馈督察情况 . (2017-12-26) [2018-04-05]. http://politics.people.com.cn/n1/2017/1226/c1001-29730375.html.

[168] 人民网 . 中央第二环境保护督察组向浙江省反馈督察情况 . (2017-12-24) [2018-04-05]. http://politics.people.com.cn/n1/2017/1224/c1001-29725711.html.

[169] 中国政府网 . 中央第五环境保护督察组向福建省反馈督察情况 . (2017-07-31) [2018-04-05]. http://www.gov.cn/xinwen/2017-08/01/content_5215203.htm.

[170] 生态环境部 . 中央第一环境保护督察组向天津反馈督察情况 . (2017-07-29) [2018-04-10]. http://www.mee.gov.cn/gkml/sthjbgw/qt/201707/t20170729_418741.htm.

[171] 广东省人民政府 . 中央第四环境保护督察组向广东省反馈督察情况 . (2017-04-13) [2018-04-08]. http://www.gd.gov.cn/ywdt/szfdt/201704/t20170413_250178.htm.

[172] 广西壮族自治区人民政府 . 中央第六环境保护督察组向广西壮族自治区反馈督察情况 . (2016-11-18) [2018-04-08]. http://www.gxzf.gov.cn/gxyw/20161118-550997.shtml.

[173] 中国政府网 . 中央第四环境保护督察组向海南省反馈督察情况 . (2017-12-23) [2018-04-03]. http://www.gov.cn/xinwen/2017-12/23/content_5249853.htm.

[174] 国家海洋局海洋发展战略研究所课题组 . 中国海洋发展报告 (2017)[M]. 北京 : 海洋出版社，2017: 174.

[175] 国家海洋局 . 一张图读懂海洋督察 . (2017-09-12) [2018-04-02]. http://www.qinzhou.gov.cn/ztzl_282/hydcgxh/201709/t20170914_163225.html.

[176] 中国海洋报 . 国家海洋督察第一批围填海专项督察意见反馈完毕 六省区三方面问题共性突出 . (2018–01–17) [2018–04–02]. http://aoc.ouc.edu.cn/93/a4/c9828a168868/page.psp.

[177] 中国政府网 . 国家海洋局采取 "史上最严围填海管控措施" 执行 "十个一律" "三个强化" . (2018–01–17) [2018–04–02]. http://www.gov.cn/hudong/2018–01/18/content_5257889.htm.

[178] 国务院 . 2013 年以来，全国围填海总量下降趋势明显——今后原则上不再审批一般性填海项目 . (2018–01–18) [2018–04–03]. http://www.gov.cn/xinwen/2018–01/18/content_5257749.htm.

[179] 刘赐贵 . 开发利用海洋资源必须坚持 "五个用海" [N]. 人民日报 , 2011–09–28.

[180] 国家海洋局 . 全力以赴打好 "蓝色海湾" 攻坚战 . (2017–03–13) [2018–07–01]. http://www.china.com.cn/haiyang/2017–03/12/content_40445046_2.htm.

[181] 潘新春 . 海域资源管理工作的思考 [J]. 海洋开发与管理专刊 , 2016(S1): 16–18.

[182] 中国政府网 . 践行人海和谐共生理念 加快海洋生态文明建设 . (2018–01–22) [2018–04–04]. http://www.mnr.gov.cn/zt/hy/2018hygzhy/whbg/201801/t20180122_2101886.html.

[183] 王金南，苏洁琼，万军 . 绿水青山就是金山银山——"绿水青山就是金山银山" 的理论内涵及其实现机制创新 [J]. 环境保护 , 2017, 45(11): 12–17.

[184] 陈凤桂，吴耀建，陈斯婷 . 福建省围填海发展趋势及驱动机制研究 [J]. 中国土地科学 , 2012, 26(5): 23–29.

[185] 赵梦，张静怡 . 我国填海造地的驱动因素及对策分析 . 海洋开发与管理 , 2013(5).

[186] WANG W, LIU H, LI Y, et al. Development and management of land reclamation in China[J]. Ocean & Coastal Management, 2014, 102: 415–425.

[187] 黄杰，索安宁，孙家文，等 . 中国大规模围填海造地的驱动机制及需求预测模型 [J]. 大连海事大学学报 : 社会科学版 , 2016, 15(2): 13–18.

[188] 郭信声 . 填海造地系列述评之二为区域经济发展做出重要贡献 [N]. 中国海洋报 , 2014–12–02.

[189] CHEN W, WANG D, Yong H, et al. Monitoring and analysis of coastal reclamation from 1995—2015 in Tianjin Binhai New Area, China[J]. Scientific Reports, 2017, 7(1):3850.

[190] 刘立峰 . 4 万亿投资计划回顾与评价 . 中国投资 , 2012(12): 35–38.

[191] 董夏 . 中国区域海洋经济的时空差异演化研究 [D]. 辽宁师范大学 , 2013.

[192] 王健，李彬，王佳迪 . 山东省海洋产业结构预测分析 [J]. 中国渔业经济 , 2017, 35(1): 106–112.

[193] 胡锦涛 . 十八大报告 (全文)[R]. 新华网 , 2012.

[194] 中国海洋报 . 国家 "蓝色海湾整治行动" 持续推进 . (2019–06–04) [2020–09–29].https://baijiahao.baidu.com/s?id=1635389890737436302.

[195] 国务院 . 关于印发《建立市场化、多元化生态保护补偿机制行动计划》的通知 (发改西部〔2018〕1960 号). (2019–01–11) [2020–09–29]. http://www.gov.cn/xinwen/2019/01/11/content_5357007.htm.

[196] 中国政府网 . 我国将进一步加强围填海管控 . (2019–01–11) [2020–09–29]. http://www.mnr.gov.cn/dt/

hy/201801/t20180122_2333424.html.

[197] 高群 . 中国沿海 11 省市海洋经济发展质量综合评价研究 [D]. 辽宁师范大学，2016.

[198] 胡斯亮 . 围填海造地及其管理制度研究 . 青岛：中国海洋大学 [D]，2011.

[199] 孙丽，刘洪滨，杨义菊，谭勇华，王小波 . 中外围填海管理的比较研究 . 中国海洋大学学报：社
会科学版，2010，（5）：40-46.

[200] DUAN H B, ZHANG H, HUANG Q F. et al., Characterization and environmental impact analysis of sea land
reclamation activities in China. Ocean & Coastal Management.2016,130, 128-137 (2016)..

[201] 黄华梅，王平，谢健，等 . 区域建设用海规划的生态建设理念思考 [J]. 海洋开发与管理，2017(8).

[202] WANG J, CHEN Y Q, SHAO X M, et al. Land-use changes and policy dimension driving forces in China:
Present, trend and future. Land Use Policy. 2012;29(4):737-49.

[203] 国家统计局 . 2016 中国统计年鉴 .2016.

[204] TIAN B, WU W T, YANG Z Q, et al. Drivers, trends, and potential impacts of long-term coastal reclamation
in China from 1985 to 2010. Estuarine, Coastal and Shelf Science. 2016;170:83-90.

[205] 郭信声 . 填海造地系列评述之五有效拉动沿海区域就业 [N]. 中国海洋报，2014-12-08.

[206] 谭论，王倩，张宇龙 . 填海造地对沿海地区经济发展和就业拉动的贡献探析 [J]. 海洋经济，2015，
5(03):48-54.

[207] 曹湛，曾坚 . 基于防灾安全理念的填海造城规划研究 [J]. 现代城市研究，2014(07): 31-38.

[208] 潘桦 . 浅论围海造陆利弊分析 . 科技风，2011,6（上）: 224.

[209] 张长宽，陈欣迪 . 海岸带滩涂资源的开发利用与保护研究进展 [J]. 河海大学学报（自然科学版），
2016, 44(01):25-33.

[210] 曹伟，何倩婷 . 围填海影响下的海岸带生态安全管控与规划策略 [J]. 规划师，2019, 35(07): 25-32.

[211] 侯西勇，张华，李东，等 . 渤海围填海发展趋势、环境与生态影响及政策建议 [J]. 生态学报，2018，
38(09):3311-3319.

[212] 刘述锡，马玉艳，卞正和 . 围填海生态环境效应评价方法研究 [J]. 海洋通报，2010, 29(6): 707-711.

[213] 兰香 . 围填海可持续开发利用的路径探讨——以环渤海地区为例 [D]. 中国海洋大学，2009.

[214] 苏涛，牛超，詹诚，等 . 广西围填海进程及其对近海生态和生物资源的影响分析 [J]. 广西科学院学报，
2018(3): 228-234.

[215] 颜凤，李宁，杨文，等 . 围填海对湿地水鸟种群、行为和栖息地的影响 [J]. 生态学杂志，2017(07):
2045-2051.

[216] 徐彩瑶，濮励杰，朱明 . 沿海滩涂围垦对生态环境的影响研究进展 [J]. 生态学报，2018, 38(03):
1148-1162.

[217] 杨波，朱建斌，马润美，等 . 关于围填海造地的思考 [J]. 海洋开发与管理，2015(10): 22-25.

[218] 中国政府网，对十三届全国人大一次会议第 3107 号建议的答复 . (2018-07-09) [2020-09-29].http://

gi.mnr.gov.cn/201807/t20180712_2085008.html.

[219] 国家海洋局海洋发展战略研究所课题组 . 中国海洋发展报告（2014）[M]. 北京：海洋出版社，
2014: 214.

[220] 俞可平 . 科学发展观与生态文明 [J]. 马克思主义与现实，2005(4): 4–5.

[221] 新华网 . 全国生态环境保护大会系列网评 . [2018–06–14]. http://www.xinhuanet.com/comments/plldzt/
zt17/index.htm.

[222] 高艳，李彬 . 海洋生态文明视域下的海洋综合管理研究 . 青岛：中国海洋大学出版社，2016: 13.

[223] 袁红英 . 海洋生态文明建设研究 [M]. 山东人民出版社，2014: 80.

[224] 国家海洋局海洋发展战略研究所课题组 . 中国海洋发展报告（2014）[M]. 北京：海洋出版社，2014:
215–216.

[225] 国家海洋局海洋发展战略研究所课题组 . 中国海洋发展报告（2015）[M]. 北京：海洋出版社，2015:
215–220.

[226] 国家海洋局海洋发展战略研究所课题组 . 中国海洋发展报告（2015）[M]. 北京：海洋出版社，2015:
221–222.

[227] 人民网，人民日报图文数据库（1946–2016）. (2016–06–23) [2016–12–17]. https://www.sohu.com/
a/85431077_119826.

[228] 国家海洋局全国海洋工作会议专题报道 . 开发利用海洋资源必须坚持"五个用海". (2011–09–28)
[2016–12–17]. http://www.chinareform.net/index.php?a=show&c=index&catid=32&id=3159&m=content.

[229] 孙秀英 . 海南：坚持生态用海建设海洋强省 [J]. 环境保护，2013(1):30–31.

[230] 国家海洋局 . 国家海洋局出台最严格渤海环境保护政策为渤海设定生态保护红线 . (2012–10–17)
[2017–02–24].http://politics.people.com.cn/n/2012/1017/c1001–19297096.html.

[231] 中国网 . 辽宁省海洋生态红线今年全部划定 . (2015–03–19) [2017–02–01]. http://ocean.china.com.
cn/2015–03/19/content_35100866.htm.

[232] 辽宁日报 . 转变发展方式 推进改革创新 辽宁海洋产业形成特色发展格局 . (2016–06–07) [2020–09–
29]. http://jiuban.moa.gov.cn/fwllm/qgxxlb/qg/201606/t20160607_5163804.htm.

[233] 辽宁省海洋与渔业网 . 我省自然岸线保护工作取得实效 . (2016–12–22) [2017–02–01]. http://www.
ln.gov.cn/zfxx/tjdt/201612/t20161223_2634873.html.

[234] 辽宁省海洋与渔业网 . 2017 年辽宁省海洋生态环境监测工作方案 . (2017–05–31) [2017–10–17].
http://www.ln.gov.cn/zfxx/tjdt/201701/t20170122_2731345.html.

[235] 辽宁省人民政府 . 辽宁省人民政府关于印发辽宁省污染防治与生态建设和保护攻坚行动计划（2017—
2020 年）的通知 . (2017–04–25) [2017–10–17]. http://www.ln.gov.cn/zfxx/zfwj/szfwj/zfwj2011_119230/201704/
t20170427_2883480.html.

[236] 中共辽宁省委 辽宁省人民政府关于印发《辽宁省生态文明体制改革实施方案(2017—2020 年)》

的通知 [J]. 辽宁省人民政府公报 ,2017(11):17-34.

[237]　辽宁省海洋与渔业网 . 我厅印发海洋生态红线管控措施"十个首次"加强海洋管控 . (2017-10-09) [2017-10-17]. https://www.sohu.com/a/197185288_543943.

[238]　辽宁省海洋与渔业厅 . 我厅印发《2018 年辽宁省海洋生态环境监测工作方案》. (2018-04-09) [2018-04-12]. https://www.sohu.com/a/225933896_543943.

[239]　王保民 . 在探索中成长 在发展中腾飞 [J]. 海洋开发与管理 ,2011,28(12):26-29.

[240]　中华人民共和国国土资源部 .《河北省 2013 年海域动态监视监测工作方案》出台——重点监测围填海项目用海及区域建设用海规划 . (2013-05-09) [2017-02-02]. http://ocean.china.com.cn/2013-04/27/content_28675410.htm.

[241]　2013 年 海 域 使 用 管 理 公 报 . 大 事 记 . (2014-03 20)[2020-09-30]. http://gc.mnr.gov.cn/201806/t20180619_1798389.html.

[242]　河北省国土资源厅(海洋局). 河北省国土资源厅关于印发《河北省国土资源"十三五"规划》的通知 . (2017-01-06) [2017-02-19]. http://sjz.hebgt.gov.cn/sjz/tz/101482378079887.html.

[243]　河北省国土资源厅（海洋局）. 河北发布海洋主体功能区规划 . (2018-03-29) [2018-04-10]. http://hbepb.hebei.gov.cn/xwzx/szfwj/201803/t20180308_61774.html.

[244]　天津市海洋局 . 天津市海洋环境保护条例 . (2015-12-01) [2017-10-17]. http://www.tjrd.gov.cn/flfg/system/2020/07/30/030017382.shtml.

[245]　中华人民共和国中央人民政府 . 天津市出台海洋生态红线区管理规定 . (2016-12-22) [2017-02-19]. http://www.rmzxb.com.cn/c/2016-12-22/1235223.shtml.

[246]　天津市海洋局 . 天津市湿地保护条例 . (2016-09-14) [2017-10-17]. http://www.gov.cn/xinwen/ 2016-09/27/content_5112524.htm.

[247]　天津市海洋局 . 关于印发《天津市科技兴海行动计划（2016-2020 年）》的通知 . (2016-08-10) [2017-03-01]. https://hk.lexiscn.com/law/law-chinese-1-2034091.html.

[248]　本市建设海洋强市行动计划的政策解读 [J]. 天津市人民政府公报 ,2017(06):43-46.

[249]　天津市人民政府关于印发天津市海洋主体功能区规划的通知 [J]. 天津市人民政府公报，2017(06):6-17.

[250]　中国蓝网 . 山东省提高海域使用审批效率助推蓝黄新发展 . (2014-01-17) [2017-02-15]. http://ocean.china.com.cn/2014-01/20/content_31244065.htm.

[251]　山东省人民政府 . 山东省人民政府办公厅关于建立实施渤海海洋生态红线制度的意见 . (2013-12-19) [2017-02-24].http://www.shandong.gov.cn/art/2013/12/19/art_2267_18235.html.

[252]　山东省海洋与渔业厅 . 我省首个海域海岛海岸带整治修复保护规划基本编制完成 . (2014-06-24) [2017-02-15]. http://www.china.com.cn/haiyang/2014-06/20/content_32721463.htm.

[253]　山东省财政厅 山东省海洋与渔业厅关于印发《山东省海洋生态补偿管理办法》的通知 [J]. 山东省

人民政府公报 ,2016(08):88-90.

[254] 国家海洋局 . 地方管理特色 . (2014-03-18) [2017-03-02]. http://www.soa.gov.cn/zwgk/hygb/hysyglgb/ 2013nhysyglgb/201403/t20140318_31025.html.

[255] 山东省海洋与渔业厅 . 关于印发《山东省海洋牧场建设规划（2017-2020 年）》的通知 . (2017-07-20) [2017-10-17]. https://www.creditchina.gov.cn/yiqilanmu/qita/201709/t20170922_49996.html.

[256] 山东省海洋与渔业厅 . 山东省《海洋牧场建设规范》地方标准颁布实施 . (2017-10-10)[2017-10-17]. http://chuangxin.haiwainet.cn/n/2017/1010/c3541434-31144488.html.

[257] 山东省海洋与渔业厅 . 山东省海洋生态文明建设专家行（青岛行）启动 . (2017-09-19)[2017-10-17]. http://www.qingdao.gov.cn/n172/n24624151/n24627375/n24627389/n24627417/170919153756266411. html.

[258] 山东省海洋与渔业厅 .《山东省海洋牧场示范创建三年计划（2018—2020 年）》发布实施 . (2018-03-23) [2018-04-10]. http://www.hssd.gov.cn/xwzx/ttxw/201803/t20180323_1230951.html.

[259] 人民网 . 加强生态文明建设共同打造美丽海洋 . http://fj.people.com.cn/ocean/n/2015/0828/c354245-26162157.html.

[260] 中国海监江苏省总队 . 江苏海监开展"碧海 2017"专项执法行动 . (2017-03-29) [2017-10-18]. http://hyyyyj.jiangsu.gov.cn/art/2017/3/29/art_47664_3607763.html.

[261] 江苏省海洋与渔业局 .《江苏省海洋生态红线保护规划》颁布实施新闻发布会 . (2017-04-12) [2017-10-17]. http://hyyyyj.jiangsu.gov.cn/col/col54702/index.html.

[262] 江苏省海洋与渔业局 . 关于印发《江苏省"十三五"海洋事业发展规划》的通知 . (2017-08-15) [2017-10-17]. http://hyyyyj.jiangsu.gov.cn/art/2017/9/26/art_59289_6078794.html.

[263] 江苏省海洋与渔业局 .《江苏省沿海蓝碳保护行动计划（2017-2020 年）》专家评审会在南京召开 . (2017-10-16) [2017-10-17]. http://hyyyyj.jiangsu.gov.cn/art/2017/10/16/art_47641_5860305.html.

[264] 江苏省海洋与渔业局 . 关于印发《2018 年江苏省海域和海岛动态监视监测工作要点》的通知 . (2018-04-07) [2018-04-12]. http://hyyyyj.jiangsu.gov.cn/art/2018/6/11/art_47611_7675375.html.

[265] 中国上海网上政务大厅 . 市政府办公厅转发市海洋局市发展改革委制订的《关于上海加快发展 海洋事业的行动方案（2015-2020 年）》. (2015-10-22) [2017-03-01]. http://www.shanghai.gov.cn/ nw12344/20200814/0001-12344_45448.html.

[266] 国家海洋局 .《上海市海洋生态文明示范区建设规划》通过专家评审 . (2016-09-09). http://www. dhjczx.org/news/view/?id=948.

[267] 中国上海 . 市政府关于印发《崇明世界级生态岛发展"十三五"规划》的通知 . (2016-12-30) [2017-03-01]. http://fgw.sh.gov.cn/zcjgg/20170605/0025-27656.html.

[268] 上海水务海洋 . 市委常委会审议通过《关于加快推进上海市生态文明建设实施方案》. (2016-12-26) [2017-03-01]. http://shzw.eastday.com/shzw/G/20161223/u1ai10188890.html.

[269]　中华人民共和国中央人民政府 . 国务院关于浙江省海洋功能区划（2011—2020 年）的批复 .(2012-
　　　　10-16)[2017-03-03]. http://www.gov.cn/zwgk/2012-10/16/content_2244750.htm.

[270]　国家海洋局 2013 年海洋要闻 . 浙江省政府印发《浙江省主体功能区规划》陆海联动打造海洋经济
　　　　示范区 . http://ocean.china.com.cn/2013-10/23/content_30377549.htm.

[271]　浙江省人民政府 . 浙江省人民政府办公厅关于印发浙江省生态环境保护"十三五"规划的通知 .
　　　　(2016-11-18)[2017-03-03]. http://www.zj.gov.cn/art/2017/1/5/art_12461_289891.html.

[272]　浙江省海洋与渔业局 . 浙江省海洋与渔业局关于进一步加强海洋综合管理推进海洋生态文明建设
　　　　的意见 .(2017-02-04)[2017-10-18]. http://www.zj.gov.cn/art/2017/2/4/art_13013_290421.html.

[273]　浙江省海洋与渔业局 . 浙江实施围填海计划差别化管理 .(2017-03-03)[2017-03-04]. http://www.
　　　　zj.gov.cn/art/2018/8/2/art_5496_2286205.html.

[274]　浙江省海洋与渔业局 .《关于在全省沿海实施滩长制的若干意见》政策解读 .(2017-07-11)[2017-
　　　　10-18]. https://www.sohu.com/a/148546692_672901.

[275]　国家海洋局 . 让绿水青山化作金山银山——浙江全力推进建设海上"两山"的新实践 .(2017-09-11)
　　　　[2017-10-18]. https://www.sohu.com/a/191209880_543943.

[276]　人民网 ."碧海银滩就是金山银山"——福建海洋强省战略初现效益生态双赢格局 .(2013-11-22)
　　　　[2017-03-04]. http://www.people.com.cn/24hour/n/2013/1114/c25408-23537605.html.

[277]　福建省人民政府 . 福建省人民政府关于下达沿海设区市海洋环保责任目标（2011—2015 年）的通
　　　　知 .(2012-02-02)[2019-02-19]. http://www.fujian.gov.cn/zwgk/zfxxgk/szfwj/jgzz/nlsyzcwj/201204/
　　　　t20120410_1476692.htm.

[278]　国务院 . 国务院关于支持福建省深入实施生态省战略加快生态文明先行示范区建设的若干意见 .
　　　　(2014-04-09)[2017-03-04]. http://www.gov.cn/zhengce/content/2014-04/09/content_8745.htm.

[279]　福建省海洋与渔业厅 .《福建省海洋生态红线划定工作方案》印发 .(2014-12-19)[2017-03-04].
　　　　http://hyyyj.fujian.gov.cn/xxgk/hydt/stdt/201412/t20141219_1983473.htm.

[280]　福建省海洋与渔业厅 . 福建省海岸带保护与利用规划（2016-2020 年）.(2016-08-08)[2017-03-04].
　　　　http://hyyyj.fujian.gov.cn/xxgk/fgwj/201608/t20160808_1878753.htm.

[281]　福建省海洋与渔业厅 . 福建省海洋与渔业厅关于加强滨海湿地保护管理的实施意见 .(2017-07-21)
　　　　[2017-10-18]. http://hyyyj.fujian.gov.cn/zfxxgkzl/zfxxgkml/zcfg_310/gfxwj/201707/t20170721_1879481.
　　　　htm.

[282]　福建省海洋与渔业厅 . 福建省海洋与渔业厅关于贯彻《福建省海岸带保护与利用管理条例》的实
　　　　施意见 .(2018-01-02)[2018-04-12]. http://hyyyj.fujian.gov.cn/zfxxgkzl/zfxxgkml/zcfg_310/gfxwj/201801/
　　　　t20180111_2009765.htm.

[283]　福建省海洋与渔业厅 . 中国海洋发展基金会海峡资源保护与开发专项基金成立 .(2018-03-30)
　　　　[2018-04-13]. http://hyyyj.fujian.gov.cn/jggk/stld/qzq/hdbd_89/201803/t20180330_3156745.htm.

[284] 自然资源部.《广东省海洋生态保护实施方案》提出新目标，打造全国海洋生态文明建设示范区. (2013–06–24) [2017–03–05]. http://www.mnr.gov.cn/dt/hy/201306/t20130624_2331177.html.

[285] 国务院.广东：全力推进美丽海湾建设. (2017–11–30) [2017–03–05]. http://www.gov.cn/xinwen/ 2017–11/30/content_5243450.htm.

[286] 广东省海洋与渔业厅."十三五"每个沿海市至少建一个美丽海湾. (2016–03–28) [2017–03–05]. http://epaper.southcn.com/nfdaily/html/2016–03/27/content_7530231.htm.

[287] 广东省海洋与渔业厅.广东省海洋生态文明建设行动计划（2016—2020 年）. (2016–12–02) [2017–03–05]. http://www.xuwen.gov.cn/xxgk/zfxxgklm/ghjh/content/post_456130.html.

[288] 广东省海洋与渔业厅.《广东省海洋生态红线》权威解读. (2017–11–25) [2018–04–14]. http://sswj. zhuhai.gov.cn/zwgk/zcfgjjd/zcfgjd/content/post_2026834.html.

[289] 广东省海洋与渔业厅.全省海洋生态文明建设工作会议在广州召开. (2018–04–10) [2018–04–14]. https://static.nfapp.southcn.com/content/201804/10/c1087167.html.

[290] 李烈干, 曹淑萍.以立法助推海洋生态文明建设——《广西壮族自治区海洋环境保护条例》出台前后观察 [J]. 南方国土资源, 2015(002):13–15.

[291] 国家海洋局.广西出台生态保护红线管理办法——加大海洋生态保护力度建立生态损害终身追责制. (2016–12–13) [2017–03–06]. http://www.gxzf.gov.cn/sytt/20161025–548029.shtml.

[292] 国家海洋局.广西海洋和渔业厅正式揭牌成立——孙书贤出席并讲话. (2017–09–11)[2017–10–19]. http://www.china.com.cn/haiyang/2017–09/12/content_41571464.htm.

[293] 广西海洋和渔业厅.关于印发《广西壮族自治区海洋环境保护规划（2016—2025 年）》的通知. (2017–08–30) [2018–04–15]. http://hyj.gxzf.gov.cn/zwgk_66846/fzgh/ghjh/t3444616.shtml.

[294] 广西海洋和渔业厅.广西壮族自治区山口红树林生态自然保护区和北仑河口国家级自然保护区管理办法（广西壮族自治区人民政府令 第 125 号）. (2018–02–22) [2018–04–15]. http://www.gxzf.gov. cn/zwgk/zfwj/zzqrmzfl/20180208–679911.shtml.

[295] 国家海洋局.海南从严控制填海造地规模. (2012–12–25) [2017–03–07]. http://www.hinews.cn/news/ system/2012/12/20/015264317.shtml.

[296] 国家海洋局.海南暂停审批经营性海岸带建设项目. (2015–07–27) [2017–03–07]. http://www.hinews. cn/news/system/2015/07/27/017718997.shtml.

[297] 国家海洋局.海南：向海洋强省迈进——海南省海洋工作摘要. (2014–02–18) [2017–03–07]. http:// www.mnr.gov.cn/zt/hy/gzhy/dhhy/201402/t20140228_2113745.html.

[298] 国家海洋局.海南拟十年投入 4000 万元修复海洋生态——设立珊瑚礁生态修复基地 退塘还林恢复被破坏的红树林. (2014–02–18) [2017–03–07]. http://www.tmbcn.cn/Show_Article.asp?News_id=910.

[299] 海南日报.海南省总体规划（2015—2030）纲要（内容摘要）. (2015–09–29) [2017–03–07]. http:// www.hinews.cn/news/system/2015/09/29/017833878.shtml.

[300]　海南省海洋与渔业厅 . 海南：立法保护珊瑚礁砗磲打击危害海洋生态行为 . (2016–12–15) [2017–03–06]. http://hnrb.hinews.cn/html/2016–12/16/content_8_6.htm.

[301]　中国新闻网 . 海南全面推行"湾长制"严控围填海项目 . (2017–09–23) [2017–10–02]. http://env.people.com.cn/n1/2017/0923/c1010–29554054.html.

[302]　新华网：中共中央 国务院关于支持海南全面深化改革开放的指导意见 . (2018–04–14) [2018–04–15]. http://www.gov.cn/zhengce/2018–04/14/content_5282456.htm.

[303]　姚鑫悦 , 黄发明 , 陈秋明 , 等 ."五个用海"在区域建设用海规划中的应用实践——以《晋江市区域建设用海规划》为例 [J]. 海洋开发与管理 , 2013, 30(9):22–27.